高职高专立体化教材　计算机系列

C语言程序设计
(第3版)(微课版)

向　华　主　编

清华大学出版社

北　京

内 容 简 介

本书详细介绍了 C 语言的基础知识、数据类型、结构化程序设计与相关控制语句、数组、函数、指针、结构体和共用体、位运算及文件等。

本书在编写上体现了任务驱动式教学思想，每章的开头均围绕本章的学习目标提出一个总体编程任务，该任务又分解为若干易完成的小任务，然后通过对任务相关知识的学习，逐步达到完成本章任务的目的。

全书强调实际编程能力的培养，知识结构完整、例题设计精心、习题丰富多样。除了每章末尾的上机实训之外，全书根据大的教学环节还设计了 3 个综合项目实训。综合项目实训中，通过引导学生完成一个较复杂项目的设计、编程与调试，来培养和训练学生的程序设计技能，以及问题的分析与解决能力。

本书既适于作为大专院校及高职高专相关专业的教材，又可作为成人教育和在职人员的培训教材，以及 C 语言编程爱好者的自学参考书。

图书在版编目(CIP)数据

C 语言程序设计：微课版/向华主编. —3 版. —北京：清华大学出版社，2021.5
高职高专立体化教材计算机系列
ISBN 978-7-302-58089-8

Ⅰ. ①C… Ⅱ. ①向… Ⅲ. ①C 语言—程序设计—高等职业教育—教材 Ⅳ. ①TP312.8

中国版本图书馆 CIP 数据核字(2021)第 075678 号

责任编辑：石 伟
封面设计：刘孝琼
责任校对：李玉茹
责任印制：沈 露
出版发行：清华大学出版社
网 址：http://www.tup.com.cn, http://www.wqbook.com
地 址：北京清华大学学研大厦 A 座 **邮 编：**100084
社 总 机：010-62770175 **邮 购：**010-62786544
投稿与读者服务：010-62776969, c-service@tup.tsinghua.edu.cn
质量反馈：010-62772015, zhiliang@tup.tsinghua.edu.cn
课件下载：http://www.tup.com.cn, 010-62791865
印 装 者：三河市铭诚印务有限公司
经 销：全国新华书店
开 本：185mm×260mm **印 张：**19 **字 数：**462 千字
版 次：2008 年 6 月第 1 版 2021 年 6 月第 3 版 **印 次：**2021 年 6 月第 1 次印刷
定 价：59.00 元

产品编号：089309-01

前　言

C 语言是目前较流行的程序设计语言之一，特别适合作为初学者学习结构化程序设计的入门语言。本书详细介绍了 C 语言的基础知识、数据类型、结构化程序设计与相关控制语句、数组、函数、指针、结构体和共用体、位运算及文件等。

本书主要特色如下。

(1) 体现了任务驱动式教学思想。每章的开头均围绕本章的学习目标提出一个总体编程任务，该任务又分解为若干易完成的小任务，然后通过对任务相关知识的学习，逐步达到解决本章任务的目的。

(2) 在例题的设计上结合了实用性和趣味性，既有利于启发思维，又能提高学生的学习积极性。

(3) 各章末尾均设有题型多样、题量丰富的习题，以及目的明确、内容详尽的上机实训，极大地方便了教与学。

(4) 重视实际编程能力的培养。除了每章末尾安排了上机实训的内容外，全书根据大的教学环节还设计了 3 个综合项目实训。综合项目实训中，通过引导学生完成一个较复杂项目的设计、编程与调试，来培养和训练学生的程序设计技能，以及问题的分析与解决能力。

本书在前两版的基础上做了较大范围的修订，包括以下方面。

(1) 开发平台由 DOS 系统下使用的 Turbo C，升级为目前的主流开发平台 Visual C++和 Dev-C++，并详细介绍了这两种集成开发环境的使用。

(2) 全部源代码均加上了必要的头文件，以对应 Visual C++和 Dev-C++两种集成开发环境。

(3) 对前两版源代码中 Turbo C 特有的库函数(如 clrscr()、delay()、random()、sound()、gotoxy()等)进行了改写，代之以 Visual C++的相应函数。

(4) 按 Visual C++的语法规范，修正了有关函数声明的约定，以及形参声明的格式。

(5) 优化了部分程序的源代码，在 Visual C++平台上对全书例题进行了重新测试。

(6) 修订了部分例题及实训题目，以提高对知识点的覆盖面。

本书由成都职业技术学院向华副教授编写。作者所在的成都职业技术学院软件技术专业教学团队是四川省省级教学团队，在本书的编写过程中，该团队的成员提供了大量的案例，在此致以衷心的感谢。

由于作者水平有限，书中难免有疏漏和不足之处，敬请读者批评、指正。

编　者

目　录

第1章　C语言概述

C 语言是编程语言中较为流行的一种。随着计算机的普及和发展，C 语言在各个领域中的应用越来越广泛。几乎各类计算机都支持 C 语言的开发环境，这为 C 语言的普及和应用奠定了基础。

本章内容：

- C 语言的发展及特点。
- C 程序的基本结构。
- C 语言的基本符号与词汇。
- C 语言集成开发环境。

学习目标：

- 掌握 C 程序的基本结构。
- 掌握 C 语言的基本符号与词汇。
- 掌握 Visual C++集成开发环境或 Dev-C++集成开发环境的基本使用方法。
- 能够编写并在 Visual C++或 Dev-C++中编辑、编译和运行最简单的 C 程序。

本章任务：

本章要完成的主要任务是编写并在 Visual C++或 Dev-C++集成开发环境中新建及运行一个简单的 C 程序，该程序的功能是输入两个整数，计算并输出这两个整数的乘积。任务可以分解为两部分：

- 编写程序——了解 C 程序的基本结构。
- 学会在 Visual C++或 Dev-C++集成开发环境中编辑、编译和运行程序。

1.1　C 语言简史及特点

1.1.1　C 语言的发展

C 语言是一种编译性程序设计语言，它与 UNIX 操作系统紧密地联系在一起。UNIX 系统是通用的、交互式的计算机操作系统，它诞生于 1969 年，是由美国贝尔实验室的 K.Thompson 和 D.M.Ritchie 用汇编语言开发成功的。

C 语言的前身是 BCPL 语言。1967 年英国剑桥大学的 Martin Richard 推出 BCPL 语言(Basic Combined Programming Language)。1970 年贝尔实验室的 K.Thompson 以 BCPL 语言为基础，开发了 B 语言，并用 B 语言编写了 UNIX 操作系统，在 PDP-7 计算机上实现。1972 年贝尔实验室的 D.M.Ritchie 在 B 语言的基础上设计出 C 语言，C 语言既保持了 BCPL 语言和 B 语言的精练、接近硬件的优点，又克服了它们过于简单的缺点。1973 年，K.Thompson

和 D.M.Ritchie 合作把 90%以上的 UNIX 程序用 C 语言改写，并加进了多道程序设计功能，称为 UNIX 第五版，开创了 UNIX 系统发展的新局面。1975 年 UNIX 第六版颁布后，C 语言得到计算机界的普遍认可，从此，C 语言与 UNIX 系统一起互相促进，获得迅速发展。

设计 C 语言的最初目的只是描述和实现 UNIX 操作系统。而目前，C 语言已独立于 UNIX 系统，先后被移植到大、中、小型计算机及微机上。1978 年 B.Kernighan 和 D.M.Ritchie 合作编写了经典著作 *The C Programming Language*(《C 程序设计语言》)，它是目前所有 C 语言版本的基础。1983 年美国国家标准化协会(ANSI)对 C 语言问世以来的各种版本进行了扩充，制定了 ANSI C。

1.1.2 C 语言的特点

C 语言具有以下几个基本特点：

- C 语言是结构化程序设计语言。C 语言程序的逻辑结构可以用顺序、选择和循环 3 种基本结构组成，便于采用自顶向下、逐步细化的结构化程序设计技术。用 C 语言编制的程序具有容易理解、便于维护的优点。
- C 语言是模块化程序设计语言。C 语言的函数结构、程序模块间的相互调用及数据传递和数据共享技术，为大型软件设计的模块化分解技术及软件工程技术的应用提供了强有力的支持。
- C 语言具有丰富的运算能力。C 语言除具有一般高级语言所拥有的四则运算及逻辑运算功能外，还具有二进制的位(bit)运算、单项运算和复合运算等功能。
- C 语言具有丰富的数据类型和较强的数据处理能力。C 语言不但具有整型、实型、双精度型，还具有结构体、共用体等构造类型，并为用户提供了自定义数据类型。此外，C 语言还具有预处理能力，能够对字符串或特定参数进行宏定义。
- C 语言具有较强的移植性。C 语言程序本身并不依赖于计算机的硬件系统，只要在不同种类的计算机上配置 C 语言编译系统，即可达到程序移植的目的。
- C 语言不但具有高级语言的特性，还具有汇编语言的一些特点。C 语言既有高级语言面向用户、容易记忆、便于阅读和书写的优点；又有面向硬件和系统，可以直接访问硬件的功能。
- C 语言具有较好的通用性。C 语言既可用于编写操作系统、编译程序等系统软件，也可用于编写各种应用软件。

1.2 C 语言程序

1.2.1 几个典型的 C 程序

C 语言的源程序由一个或多个函数组成，每个函数完成一种指定的操作，所以有人又把 C 语言称为函数式语言。下面通过 3 个简单的例子来了解 C 程序的基本结构。

【例 1.1】在屏幕上显示信息“Hello world!”。程序代码如下：

```
#include <stdio.h>
main()
{
    printf("Hello world!\n");
}
```

运行结果：

```
Hello world!
```

程序说明：

- C 程序由一系列函数组成，这些函数中必须有且只能有一个名为 main()的函数，这个函数称为主函数，整个程序从主函数开始执行。在例 1.1 中，只有一个主函数，而无其他函数。
- 程序第 1 行的#include 是一条编译预处理命令，其作用是将所需的头文件(即后缀为.h 的文件)包括到源程序文件中。头文件中包含了所需调用的库函数的有关信息。在使用标准输入输出库函数时，要用到 stdio.h 头文件中提供的信息。本程序调用了标准输入输出库函数 printf(),因此必须在程序的开头使用#include <stdio.h>命令。
- 程序第 2 行中的 main 是主函数的函数名，main 后面的一对小括号是函数定义的标志，不能省略。
- 程序第 4 行的 printf()是 C 语言的格式输出函数，在本程序中，printf()函数的作用是输出括号内双引号之间的字符串，其中“\n”代表换行符。第 4 行末尾的分号则是 C 语句结束的标志。
- 程序第 3 行和第 5 行是一对大括弧，在这里表示函数体的开始和结束。一个函数中要执行的语句都写在函数体中。

【例 1.2】求两个整数的和。程序代码如下：

```
#include <stdio.h>
main()
{
    int num1, num2, sum;        /* 定义 3 个整型变量 */
    num1 = 10;                  /* 把 10 赋值给变量 num1 */
    num2 = 18;                  /* 把 18 赋值给变量 num2 */
    sum = num1 + num2;          /*计算num1与num2之和,并将计算结果赋值给变量sum*/
    printf("sum=%d", sum);      /* 输出变量 sum 的值 */
}
```

运行结果：

```
sum=28
```

程序说明：

- 这个程序由一个主函数组成，其中，第 4 行的 int 表示定义变量类型为整型，该行定义了 num1、num2、sum 这 3 个整型变量。
- 程序第 5、6、7 行中的语句均为赋值语句，“=”为赋值运算符，其作用是将其右边的常量或表达式的值赋值给左边的变量。

- 第 8 行中的“%d”是输入输出函数中的格式字符串，在此表示以十进制整数的形式输出变量 sum 的值。程序的运行结果中，“%d”的位置被 sum 变量的值(即 28)取代。
- 程序中多次出现的“/*”和“*/”是一对注释符，注释的内容写在这对注释符之间。注释内容对程序的编译和运行不起任何作用，其目的是提高程序的可读性。在必要的地方给程序加上注释是一个好习惯，这使得程序易于理解，而对程序的理解是进一步修改和调试程序的基础。

【例 1.3】输入两个整数，输出其中的最大值。程序代码如下：

```
#include <stdio.h>
int max(int n1, int n2)          /* 定义 max()函数，n1、n2 为形式参数 */
{
    int m;
    if (n1 > n2) m = n1;        /* 比较 n1 和 n2 的大小，将最大值赋值给变量 m */
    else m = n2;
    return m;        /* 返回变量 m 的值 */
}
main()
{
    int a, b, m;                      /* 定义 3 个整型变量 */
    scanf("%d%d", &a, &b);          /* 输入两个整数到变量 a 和 b 中 */
    m = max(a, b);  /* 调用 max()函数求 a 和 b 的最大值，把函数返回值赋值给变量 m。
                       a 和 b 为实际参数*/
    printf("max=%d\n", m);            /* 输出变量 m 的值 */
}
```

运行结果：

```
15  86 ↙
max=86
```

程序说明：

- 该程序由两个函数组成，一个是 main()函数，另一个是 max()函数。max()函数的功能是求两个整数的最大值，而数据的输入和输出则在 main()函数中实现。
- main()函数和 max()函数的定义是相互独立的。
- main()函数的第 5 行调用 max()函数时，分别把实际参数 a 和 b 的值传递给形式参数 n1 和 n2，因此，调用 max()函数的结果是求得了 a 和 b 的最大值。

1.2.2　C 程序的基本结构

通过上面这 3 个例子，可以对 C 程序的基本结构归纳如下。

(1) C 语言程序由函数构成。函数是构成 C 程序的基本单位，即 C 程序由一个或多个函数组成，其中必须有且只能有一个名为 main 的主函数。例如，在前面的例 1.1 和例 1.2 中，均只有一个 main()函数，而在例 1.3 中，则有 main()和 max()两个函数。

(2) 每个函数的基本结构如下：

```
函数名()
{
```

```
    语句 1;
    ...
    语句 n;
}
```

有的函数在定义时，函数名后的小括号内有形式参数，如例 1.3 中的 max()函数。{}内则是由若干语句组成的函数体，每个语句必须以分号结束。C 语言的书写格式较自由，一行内可以写多个语句，一个语句很长时也可以分写在多行上。

(3) 各个函数的定义是相互独立的。各函数定义的顺序无关紧要，主函数可以定义在其他函数之前，也可以定义在其他函数之后，但程序的执行总是从主函数开始。

1.2.3 C 语言的基本符号与词汇

任何程序设计语言都规定了自己的一套基本符号和词汇，C 语言也不例外。

1. C 语言的基本符号集

C 语言的基本符号集采用 ASCII 码字符集，包括：

- 大小写英文字母各 26 个。
- 10 个阿拉伯数字 0~9。
- 其他特殊符号，包括以下运算符和操作符：

```
+      -      *      /      %      <
<=     >      >=     ==     !=     &&
||     !      &      |      ~      =
++     --     ?:     <<     >>     ()
[]     .      ->     ^      #      sizeof
+=     -=     *=     /=     %=     &=
^=     |=     ,
```

2. C 语言的词汇

1) 标识符

程序中用来标识变量名、函数名、数组名、数据类型名等的有效字符序列称为标识符。简单地说，标识符就是一个名字。

标识符的构成规则如下。

(1) 标识符只能由英文字母(A~Z、a~z)、数字(0~9)和下划线(_)三类符号组成，但第一字符必须是字母或下划线。

例如，下面的标识符是合法的：

sum、Sum、n2、_average、a_3、student_2_name

下面是不合法的标识符：

num-1、a#3、2student、!sum_2、number.3

(2) 大写字母与小写字母含义不同(即 C 语言是对大小写敏感的)。如 sum、Sum、SUM 表示 3 个完全不同的标识符。

(3) 不同版本的 C 语言编译系统对标识符的有效长度有不同的规定。编程时最好把标识符的长度控制在 32 个字符以内。

(4) 通常，命名标识符时应“见名知意”，并做到“常用取简，专用取繁”。

2) 关键字

关键字又称为保留字，是 C 语言编译系统所固有的、具有专门意义的标识符。C 语言的关键字有 32 个，一般用作 C 语言的数据类型名或语句名，如表 1.1 所示。

表 1.1　C 语言的关键字

描述类型定义	描述存储类型	描述数据类型	描述语句
typedef	auto	char	break
void	extern	double	continue
	static	float	switch
	register	int	case
		long	default
		short	if
		struct	else
		union	do
		unsigned	for
		const	while
		enum	goto
		signed	sizeof
		volatile	return

说明：

(1) 所有关键字的字母均采用小写。

(2) 关键字不能再作为用户常量、变量、函数和类型等的名字。

在学习了上述相关知识后，我们通过下例来完成本章开篇提出的任务之一。

【例 1.4】输入两个整数，计算并输出这两个整数的乘积。程序代码如下：

```
#include <stdio.h>
main()
{
    int a, b, result;            /* 定义 3 个整型变量 */
    scanf("%d%d", &a, &b);       /* 输入两个整数到变量 a 和 b 中 */
    result = a * b;              /* 求 a 和 b 的乘积，并把结果放入变量 result 中 */
    printf("%d*%d=%d\n", a, b, result);    /* 输出计算结果 */
}
```

运行结果：

```
12  5 ↙
12*5=60
```

1.3 C语言集成开发环境

1.3.1 Visual C++集成开发环境

Microsoft Visual C++(简称 VC)是微软开发的一个集源程序编辑、代码编译和调试于一体的 C/C++集成开发环境。在该集成开发环境中可以创建工程文件、访问源代码编辑器/资源编辑器、使用内部调试器等。

下面以常用的 VC++ 6.0 版本为例，介绍 VC 集成开发环境的基本使用方法。

1. 用 VC 创建和编辑 C 源程序

(1) 安装完 VC++6.0 后，双击其对应图标，即可启动 VC 进入主界面，如图 1.1 所示。

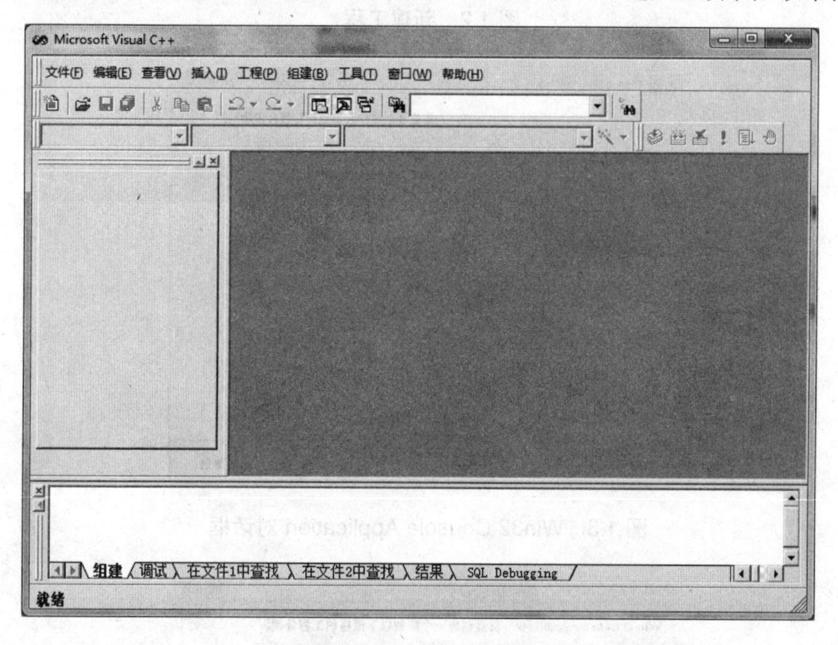

图 1.1 VC++ 6.0 的主界面

(2) 新建工程。选择“文件”→“新建”命令，打开“新建”对话框，如图 1.2 所示。

(3) 在“新建”对话框的“工程”选项卡中，选择 Win32 Console Application，然后在“位置”栏中选择保存位置，再在“工程名称”中输入工程名。创建了工程后，工程中的全部文档将保存在以工程名称命名的文件夹中。

(4) 单击图 1.2 所示对话框中的“确定”按钮后，弹出如图 1.3 所示的 Win32 Console Application 对话框。在其中选择一种控制台应用程序，默认选择“一个空工程”，单击“完成”按钮后，会弹出如图 1.4 所示的“新建工程信息”对话框，直接单击其中的“确定”按钮即可。

(5) 新建的工程如图 1.5 所示。在其中的 FileView 选项卡中，单击工程名前面的“+”使其展开，可以看到工程中包含三类文件：Source Files(源程序文件)、Header Files(头文件)、

Resourse Files(资源文件)，如图 1.6 所示。

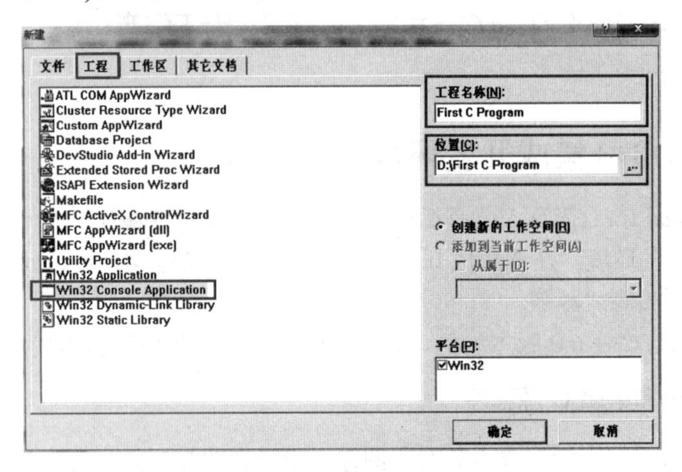

图 1.2　新建工程

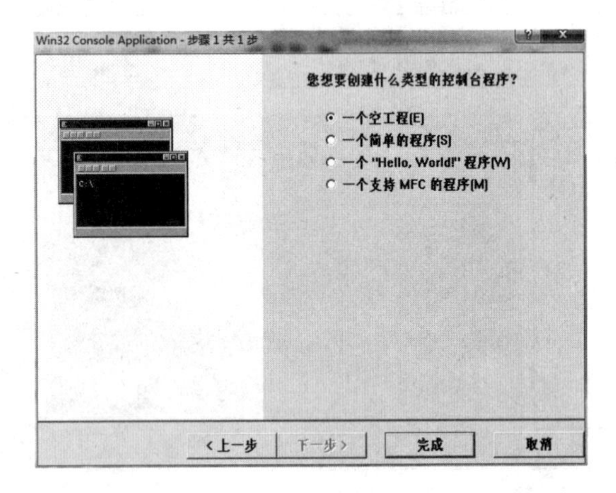

图 1.3　Win32 Console Application 对话框

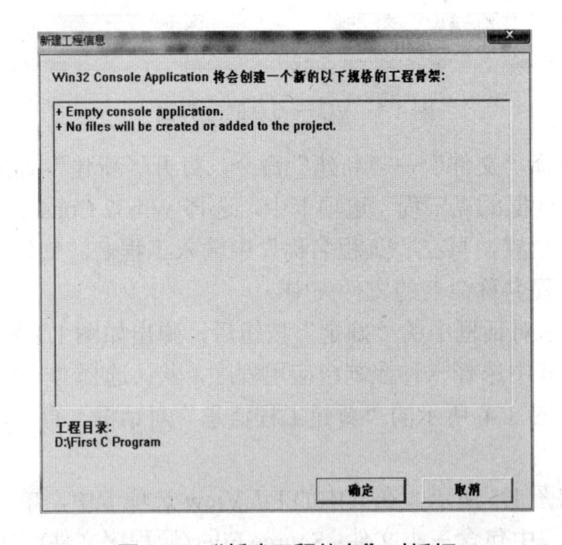

图 1.4　“新建工程信息”对话框

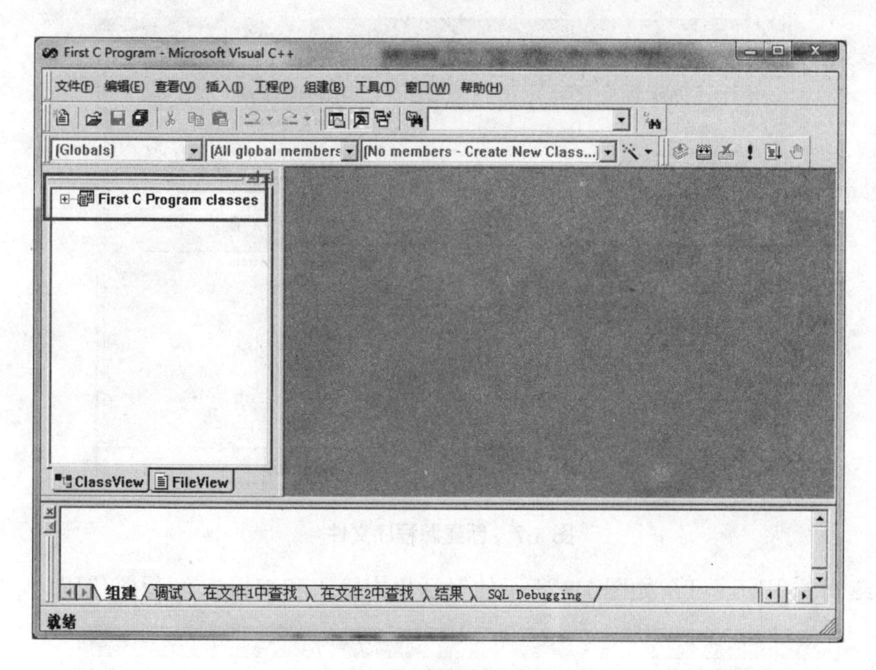

图 1.5 新建的工程

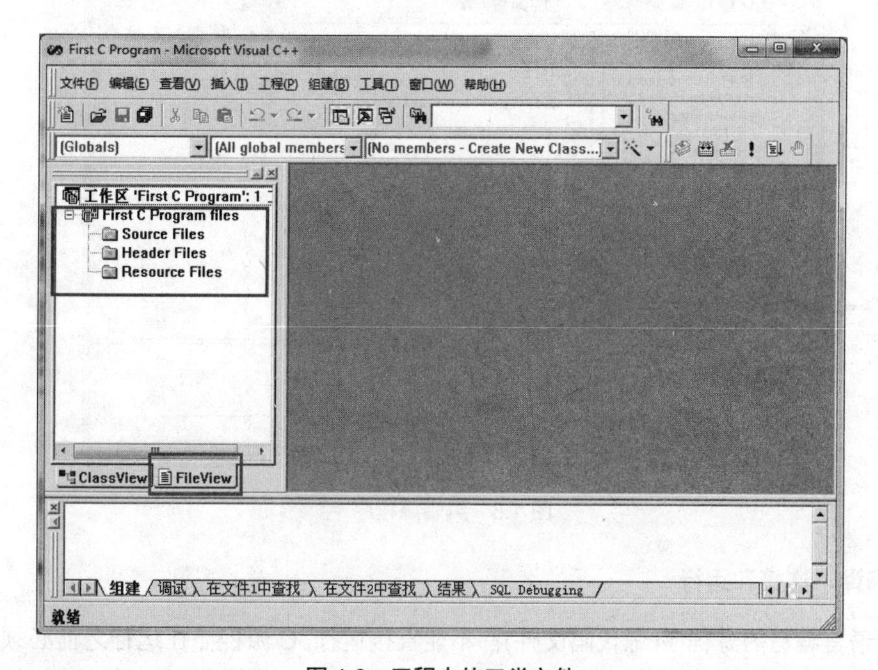

图 1.6 工程中的三类文件

(6) 新建源程序文件。再次选择“文件”→“新建”命令，如图 1.7 所示，在“新建”对话框的“文件”选项卡中，选择 C++ Source File，并在“文件名”栏中输入源程序文件的文件名，最后单击“确定”按钮。创建了源程序文件后，可在左侧的 Source Files 文件夹中找到该文件。

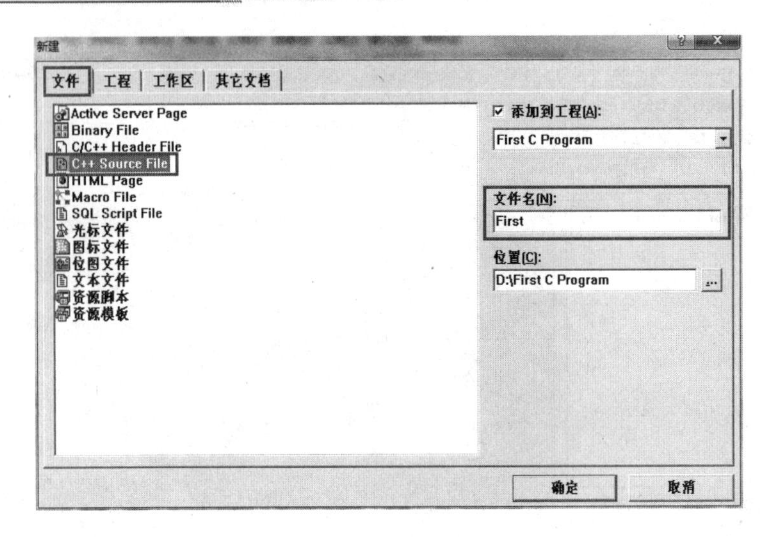

图 1.7　新建源程序文件

(7) 编辑源程序。可在如图 1.8 所示的对话框中输入和编辑 C 源程序代码。

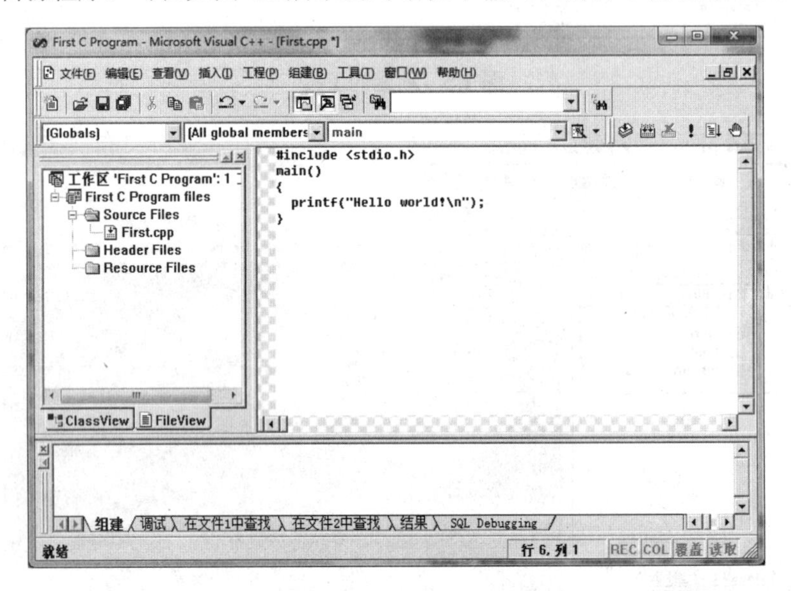

图 1.8　编辑源程序

2. 编译、连接和运行

高级语言编写的源程序(源代码文件)都不能直接运行。C 源程序在运行之前必须经过编译和连接两个步骤。编译的结果是生成一个后缀名为.obj 的目标代码文件，连接的结果则是生成一个后缀名为.exe 的可执行文件。

(1) 编译。源程序代码写完后，可以使用“组建”→“编译”命令(快捷键为 Ctrl+F7)对源程序进行编译。编译完成后，可在窗口下方看到编译信息，如图 1.9 所示。如果有编译出错信息，则必须修改源程序，并再次进行编译。

(2) 连接。使用“组建”→“组建”命令(快捷键为 F7)可以对源程序进行编译并连接，最终生成.exe 可执行文件。如果编译或连接的过程中出现错误，则出错信息将会显示在底部窗口中。这时，应根据出错信息的提示修改并调试程序。

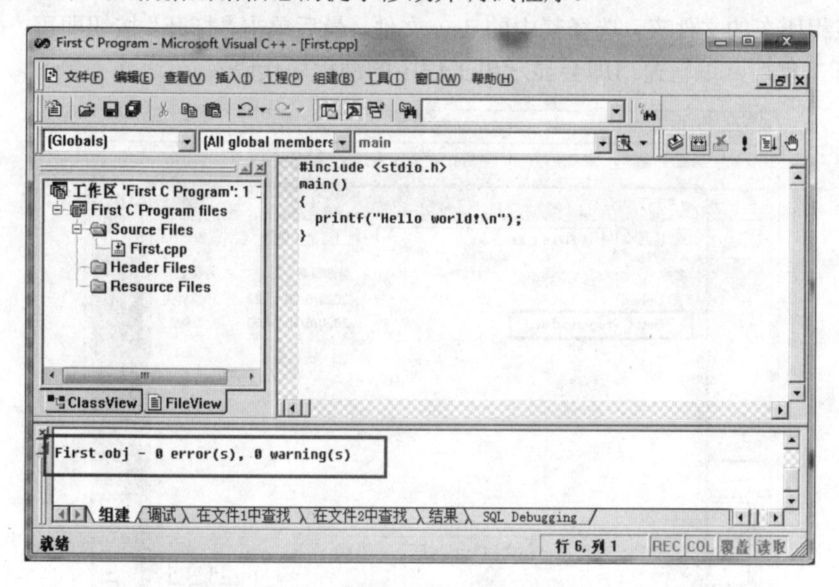

图 1.9　编译信息

(3) 运行。选择“组建”→“执行”命令(快捷键为 Ctrl+F5)，或单击工具栏中的 ! (运行)按钮，即可运行程序，如图 1.10 所示。

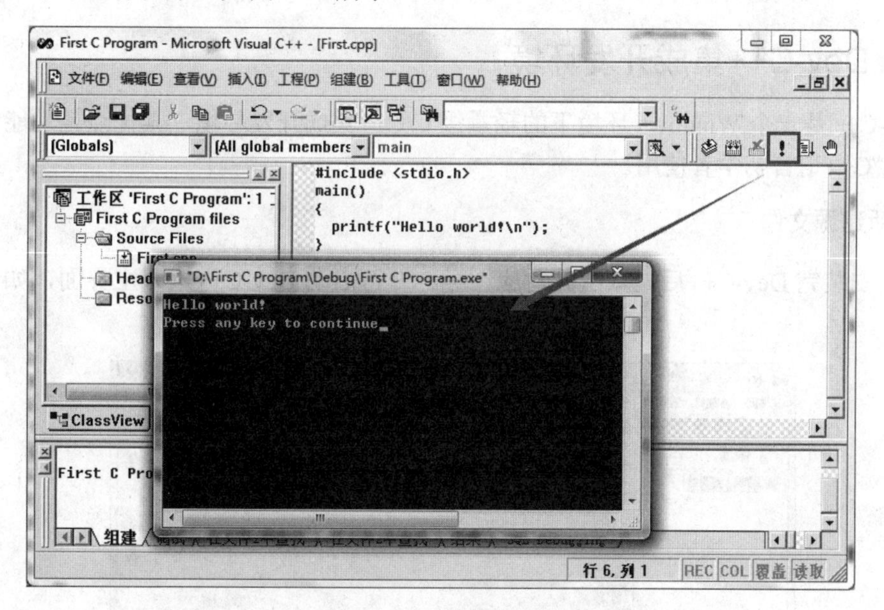

图 1.10　运行程序

3. 保存和打开

(1) 保存。单击工具栏中的“保存”按钮(快捷键为 Ctrl+S)，可以保存源程序文件。如果想编辑一个新的源程序，那么需要先选择“文件”→“关闭工作空间”命令，关闭当前工作空间后，再按前述方法新建另一个项目。

(2) 打开。选择“文件”→“打开工作空间”命令，在弹出的“打开工作区”对话框中，找到工程所在的文件夹，选择其中的.dsw 文件，最后单击“打开”按钮即可，如图 1.11 所示。打开工程后，编辑窗口即会显示出工程中的源程序代码。

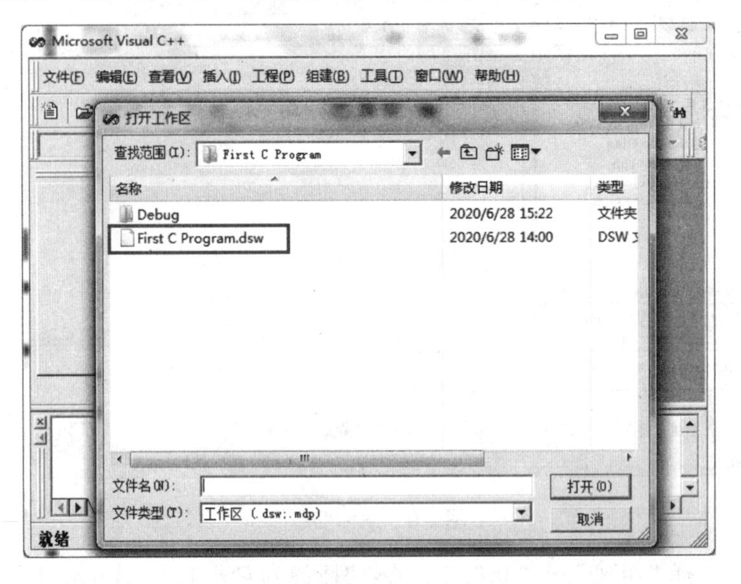

图 1.11 打开工程

1.3.2 Dev-C++集成开发环境

Dev-C++是一个 Windows 环境下的轻量级 C/C++集成开发环境，其优点是功能简捷，适合于 C/C++语言初学者使用。

1. 新建源文件

(1) 安装完 Dev-C++后，双击其对应图标，即可启动 Dev-C++进入主界面，如图 1.12 所示。

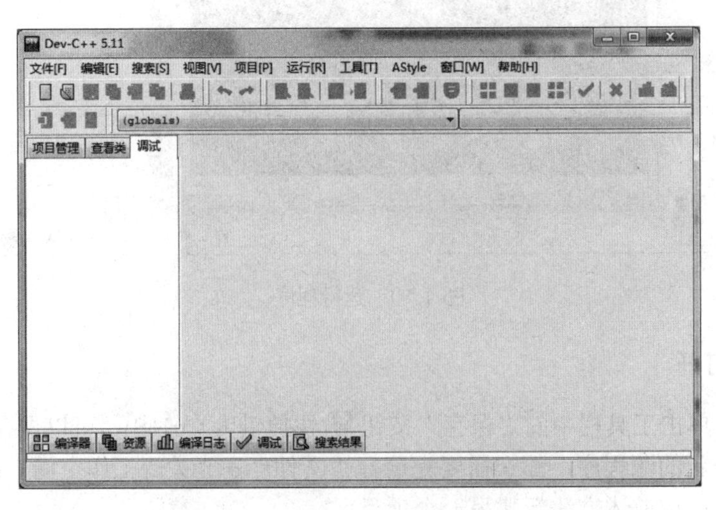

图 1.12 Dev-C++的主界面

(2) 选择“文件”→“新建”→“源代码”菜单命令(快捷键为 Ctrl+N)，即可新建一个空白的源文件，可在其中输入并编辑程序源代码，如图 1.13 所示。

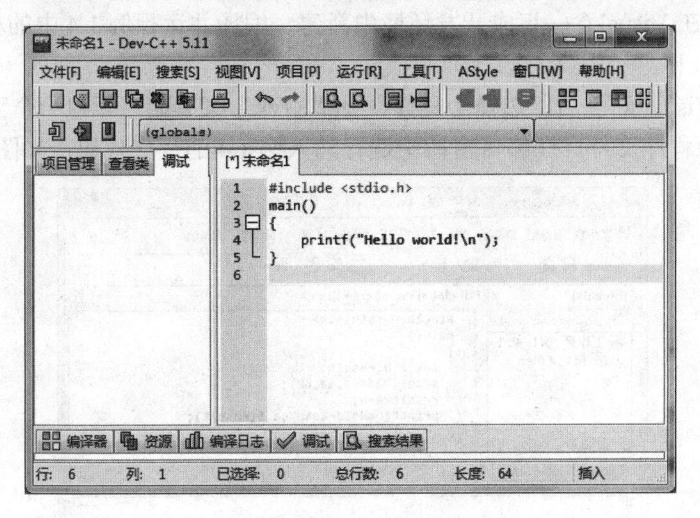

图 1.13 输入源代码

(3) 保存。选择“文件”→“保存”菜单命令(快捷键为 Ctrl+S)，或单击工具栏中的“保存”按钮，可在弹出的窗口中选择保存的位置以及文件名。

2. 编译和运行

(1) 编译。选择“运行”→“编译”菜单命令(快捷键为 F9)，可对源程序文件进行编译。编译结果会显示在下方的“编译日志”窗口中，如图 1.14 所示。编译成功后，将在源文件所在的文件夹内，出现.exe 可执行文件，如 hello.exe。

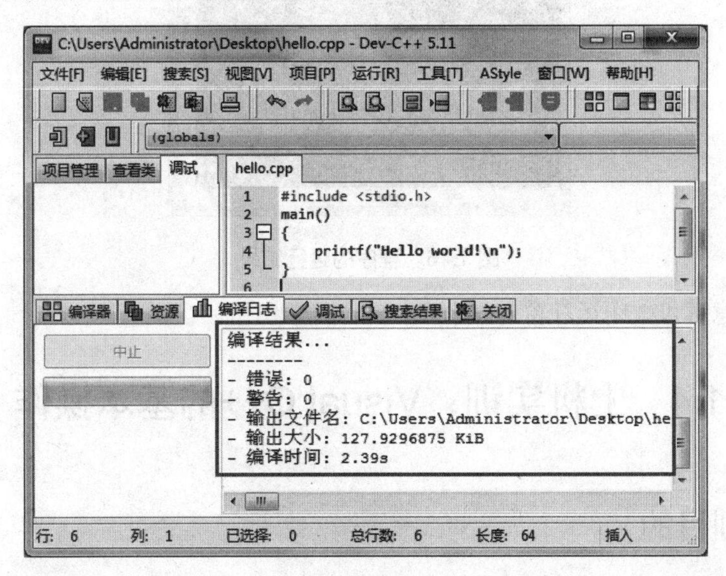

图 1.14 编译结果

(2) 运行。可直接双击 hello.exe 来运行程序，也可以在 Dev-C++中选择“运行”→“运行”菜单命令(快捷键为 F10)。

在学习了上述相关知识后，我们通过下例来完成本章开篇提出的任务之二。

【例 1.5】在 Visual C++集成开发环境中新建、编译并运行例 1.4 中的程序。

操作步骤如下。

(1) 启动 Visual C++后，选择“文件”→“新建”菜单命令新建一个工程，然后在工程中新建一个源程序文件。在编辑窗口中逐行输入例 1.4 的程序代码，如图 1.15 所示。

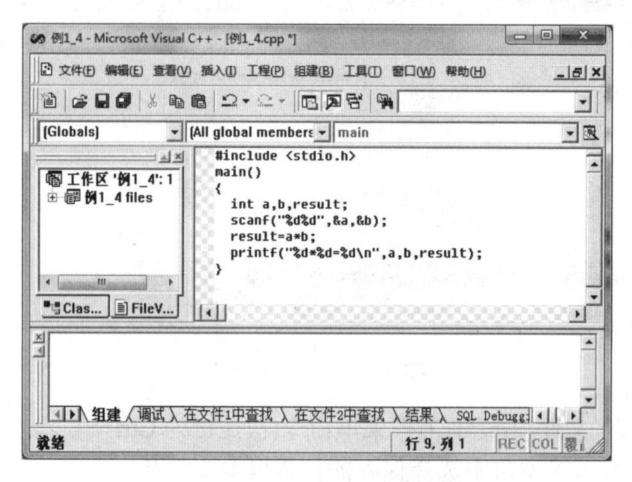

图 1.15　输入源程序

(2) 选择“组建”→“组建”命令或按 F7 键，自动完成程序的编译、连接。

(3) 选择“组建”→“执行”命令或按 Ctrl+F5 快捷键运行程序，结果如图 1.16 所示。

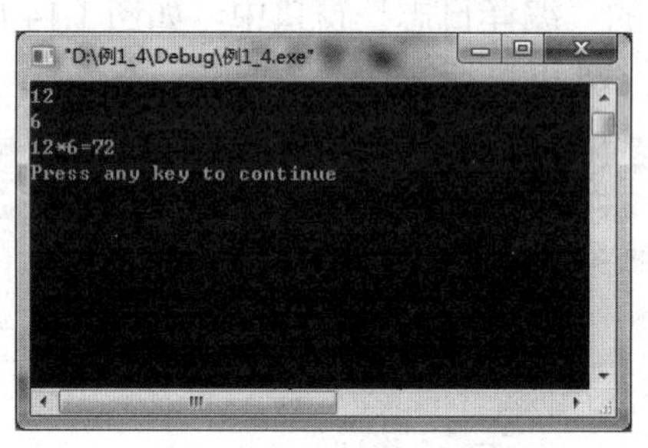

图 1.16　程序的运行结果

(4) 按任意键可关闭运行窗口。

1.4　上机实训：Visual C++的基本操作

1.4.1　实训目的

(1) 掌握 C 程序的基本结构。

(2) 熟悉 Visual C++集成开发环境的操作界面。

(3) 掌握在 Visual C++中建立、修改、编译、运行、保存和装入程序的方法。

(4) 掌握插入、删除字符和插入、删除行等基本的编辑操作。

1.4.2 实训内容

下面是三个从最简单到稍复杂的C程序，仔细阅读程序并在Visual C++中建立和运行这些程序，以此熟悉C程序的基本结构和Visual C++的基本操作。

(1) 程序一：

```
#include <stdio.h>
main()
{
    printf("My first program! \n");
}
```

① 建立并运行程序，注意观察运行结果。

② 插入两行代码，使上面的程序变成：

```
#include <stdio.h>
#include <stdlib.h>
main()
{
    system("color E1"); /* 改变整个控制台的颜色 */
    printf("My first program! \n");
}
```

再次运行程序并观察运行结果，注意控制台颜色的变化。system("color XX");的作用是设置控制台的颜色，color后面的第一个字符设置背景色，第二个字符设置前景色，颜色的取值范围为0~9、A~F。调用system()函数时，必须将头文件stdlib.h包括到源程序中。

(2) 程序二：

```
#include <stdio.h>
main()
{
    int a, b;        /* 定义变量a、b为int类型 */
    float div;       /* 定义变量div为float类型 */
    a = 1;
    b = 2;
    div = a/b;       /* 将a除以b的值赋值给div */
    printf("div=%f", div);
}
```

① 自己先分析程序的运行结果后再运行该程序，比较自己的判断与运行结果是否一致，如果有差异，再想想问题出在什么地方。这种做法可以逐步训练自己理解程序和分析程序的能力。

② 将程序二中的int a, b;改为float a, b; 再运行程序，看看会有什么结果。

(3) 程序三：

```
#include <stdio.h>
float sum(float n1, float n2) /* 定义sum函数，其功能是求两个数之和 */
{
```

```
    return n1+n2;   /* 返回 n1、n2 之和 */
}
main()
{
    float a,b,s;
    printf("a=");
    scanf("%f",&a);
    printf("b=");
    scanf("%f",&b);
    s=sum(a,b);   /* 调用 sum 函数求 a、b 之和，将返回值赋值给变量 s */
    printf("%f+%f=%f\n",a,b,s);
}
```

请先仔细阅读并分析程序代码，然后运行程序，观察运行结果。

1.5 习　　题

1. 填空题

(1) C 语言程序由________组成，其中必须有且只能有一个名为______的函数。C 程序的执行从________函数开始。

(2) 每个 C 语句必须以_______号结束。

(3) 标识符只能由____________、_____________和_____________三类符号构成，而且标识符的第一个字符必须是___________或____________。

(4) 关键字是指____。

2. 选择题

(1) 下面合法的 C 语言标识符是_______。

A. 3xy　　B. XY.2　　C. a_3　　D. ?xyz

(2) 以下符号中不能用作用户标识符的是_______。

A. abc　　B. int　　C. student_1　　D. _xyz

(3) 在 C 语言中，主函数的个数是_______。

A. 1 个　　B. 2 个　　C. 3 个　　D. 任意个

(4) 以下有关注释的描述中，错误的是_______。

A. 注释可以出现在程序中的任何位置

B. 程序编译时，不对注释做任何处理

C. 程序编译时，要对注释做出处理

D. 注释的作用是提示或解释程序的含义，帮助提高程序的可读性

(5) 在 C 程序中，main 函数的位置_______。

A. 必须放在所有函数定义之前

B. 必须放在所有函数定义之后

C. 必须放在它所调用的函数之前

D. 可以任意

3. 改错题

指出并改正下面程序中的错误。

(1)

```
#include <stdio.h>
main
{
    printf("Welcome!");
}
```

(2)

```
#include <stdio.h>
main()
{
    Int a;
    a = 5;
    printf("a=%d", a);
}
```

(3)

```
#include <stdio.h>
main()
{
    int a, b
    a = 1, b = 2
    printf("%d", a+b);
}
```

4. 分析题

分析下列程序，写出运行结果。

(1)

```
#include <stdio.h>
main()
{
    int a, b, c;
    a = 2; b = 15;
    c = a * b;
    printf("c=%d", c);
}
```

(2)

```
#include <stdio.h>
pt()
{
    printf("*****************");
}
main()
```

```
{
    printf("Hello!");
    pt();
}
```

5. 编程题

(1) 编写一个程序，打印出下面的信息:

```
******************************
  My first program!
******************************
```

(2) 编写一个程序，输入变量 a、b、c 的值，输出表达式 a*(b+c)的值。

第 2 章　基本数据类型、运算符和表达式

在第 1 章中，我们已经看到程序中使用的各种变量都应预先加以定义，即先定义，后使用。对变量的定义可以包括 3 个方面：数据类型、存储类型、作用域。

C 语言不仅提供了多种数据类型，还提供了构造更加复杂的用户自定义数据结构的机制。在本章中，主要介绍基本数据类型(除枚举类型外)，其他数据类型在后续章节中再详细介绍。另外，本章还将详细介绍 C 语言的运算符和表达式。

本章内容：

- 常量与变量。
- 整型数据、实型数据、字符型数据。
- 运算符与表达式。

学习目标：

- 了解基本数据类型及其常量的表示法。
- 掌握变量的定义及初始化方法。
- 掌握常用运算符和表达式应用。
- 理解自动类型转换和强制类型转换。
- 能够将一般的数学算式转化为 C 语言表达式。

本章任务：

在实际编程中，有时会对不同数据类型的数据进行运算，以及计算一些数学算式的值。本章要完成的任务是，已知整型变量 a、b 的值，根据以下算式计算并输出 x 的值。

$$x=\frac{-b+5a^2}{2a}$$

任务可以分解为两部分：

- 变量的定义及赋值。
- 数学算式转换成 C 语言表达式。

2.1　基本数据类型

2.1.1　数据类型

一个程序应该包括以下两方面的内容：

- 对数据的描述。在程序中要指定数据的类型和数据的组织形式，即数据结构。
- 对数据的操作。即操作步骤，也就是算法。

数据是程序加工的对象，数据描述是通过数据类型来完成的，C 语言不仅提供了基本

类型、构造类型、指针类型和空类型等多种数据类型，还提供了构造更加复杂的用户自定义数据结构的机制。

C 语言提供的数据类型如图 2.1 所示。

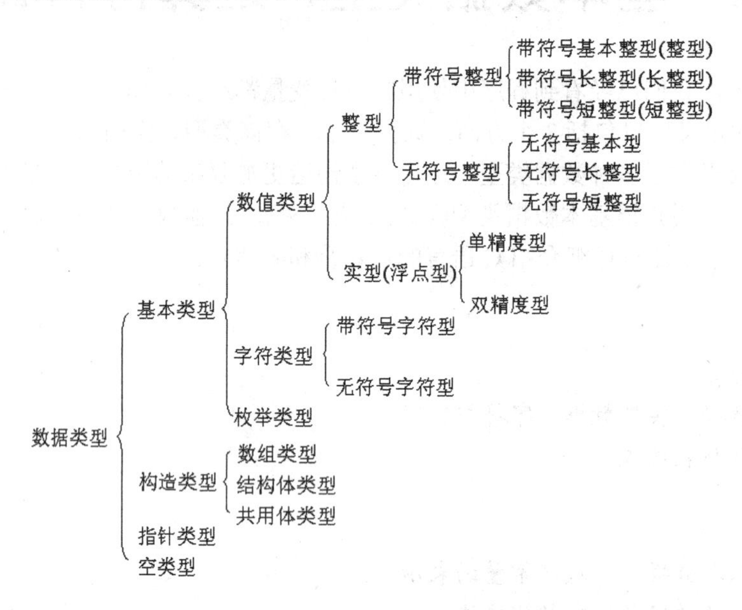

图 2.1　C 语言提供的数据类型

(1) 基本类型：基本数据类型最主要的特点是，其值不可以再分解为其他类型。也就是说，基本数据类型是自我说明的。

(2) 构造类型：构造数据类型是根据已定义的一个或多个数据类型，用构造的方法来定义的。也就是说，一个构造类型的值可以分解成若干个“成员”或“元素”。每个“成员”都是一个基本数据类型或又是一个构造类型。

(3) 指针类型：指针是一种特殊的，同时又是具有重要作用的数据类型。其值用来表示某个变量在内存储器中的地址。虽然指针变量的取值类似于整型量，但这是两个类型完全不同的量，因此不能混为一谈。

(4) 空类型：在调用函数时，通常应向调用者返回一个函数值，这个返回的函数值是具有一定的数据类型的，应在函数定义及函数声明中给以说明。但也有一类函数，调用后并不需要向调用者返回函数值，这种函数可以定义为“空类型”。其类型声明符为 void。在后面的第 7 章中将对空类型做进一步的介绍。

本章将介绍基本数据类型中的整型、实型和字符型，其余类型在以后各章中陆续介绍。

2.1.2　常量与变量

对于基本数据类型量，按其取值是否可改变，又分为常量和变量两种。在程序执行过程中，其值不能被改变的量称为常量，其值可变的量称为变量。它们可与数据类型结合起来分类。例如，可分为整型常量、整型变量、浮点常量、浮点变量、字符常量、字符变量、枚举常量、枚举变量。在程序中，常量可以不经说明而直接引用，而变量则必须先定义后使用。

1. 常量

在程序执行过程中，常量区分为不同的类型，如 12、0、-7 为整型常量，3.14、-2.8 为实型常量，'a'、'b'、'c'则为字符常量。常量即为常数，一般从其字面形式即可判别。这种常量称为直接常量。

有时为了使程序更加清晰和便于修改，用一个标识符来代表常量，即给某个常量取个有意义的名字，这种常量称为符号常量。

符号常量在使用之前必须先定义，其一般形式为：

```
#define 标识符 常量
```

#define 属于预处理命令，凡是以“#”开头的均为预处理命令。#define 称为宏定义命令，其中的标识符又称为宏名，功能是把宏名定义为其后的字符串，字符串可以是常量值，也可以是表达式等。如：

```
#define N 18
```

对源程序进行编译时，将会先把程序中出现的所有的宏名 N，都置换为 18，然后再进行编译。

【例 2.1】已知圆的半径，计算圆的面积。程序代码如下：

```
#define PI 3.14
#include <stdio.h>
main()
{
   float area, r;
   r = 10;
   area = r * r * PI;
   printf("area=%f\n", area);
}
```

运行结果：

```
area=314.000000
```

程序说明：

该程序的功能是计算圆面积。程序第一行的#define 定义了符号常量 PI，其值为圆周率 3.14，此后凡在程序中出现的 PI 都代表圆周率 3.14，可以与常量一样进行运算。

注意，符号常量也是常量，它的值在其作用域内不能改变，也不能再被赋值。例如，下面试图给符号常量 PI 赋值的语句是错误的：

```
PI = 20;   // 错误!
```

为了区别程序中的符号常量名与变量名，习惯上用大写字母命名符号常量，而用小写字母命名变量。

2. 变量

在程序执行过程中，一个变量必须有一个名字，在内存中占据一定的存储单元，在该存储单元中存放变量的值。请注意变量名和变量值是两个不同的概念。变量名在程序运行的过程中不会改变，而变量值则可以发生变化。

变量名是一种标识符，它必须遵守标识符的命名规则。

在程序中，常量是可以不经说明而直接引用的，而变量则必须做强制定义，即“先定义，后使用”。这样做的目的有以下几点。

(1) 凡未被事先定义的标识符，均不能用作变量名，这样能够保证变量名被正确使用。例如，若有以下变量定义：

```
int count;
```

如果在程序中将变量名 count 误写成了 conut，如：

```
conut = 5;
```

则在程序编译时将会检查出 conut 未经定义，并显示相应的出错提示信息，便于用户发现错误，避免变量名使用出错。

(2) 一个变量被指定为某一确定的数据类型，在编译时就能为其分配相应大小的存储单元。

(3) 一个变量被指定为某一确定的数据类型，便于在编译时据此检查所进行的运算是否合法。例如，整型变量可以进行求余运算，而实型变量则不能。

2.2 整型数据

2.2.1 整型常量

整型常量就是整常数。在 C 语言中，使用的整常数有八进制、十六进制和十进制 3 种，使用不同的前缀来相互区分。除了前缀外，C 语言中还使用后缀来区分不同长度的整数。

1. 八进制整常数

八进制整常数必须以 0 开头，即以 0 作为八进制数的前缀。数码取值为 0~7。如 0123 表示八进制数 123，即$(123)_8$，等于十进制数 83，即 $1\times8^2+2\times8^1+3\times8^0=83$；-011 表示八进制数-11，即$(-11)_8$，等于十进制数-9。

(1) 以下各数是合法的八进制数：

- 015(十进制为 13)
- 0101(十进制为 65)
- 0177777(十进制为 65535)

(2) 以下各数是不合法的八进制数：

- 256(无前缀 0)
- 0382(包含了非八进制数码 8)

2. 十六进制整常数

十六进制整常数的前缀为 0X 或 0x，其数码取值为 0~9、A~F 或 a~f。如 0x123 表示十六进制数 123，即$(123)_{16}$，等于十进制数 291，即 $1\times16^2+2\times16^1+3\times16^0=291$；-0x11 表示十

六进制数-11，即$(-11)_{16}$，等于十进制数-17。

(1) 以下各数是合法的十六进制整常数：

- 0X2A(十进制为 42)
- 0XA0(十进制为 160)
- 0XFFFF(十进制为 65535)

(2) 以下各数是不合法的十六进制整常数：

- 5A(无前缀 0X)
- 0X3H(含有非十六进制数码)

3. 十进制整常数

十进制整常数没有前缀，数码取值为 0~9。

(1) 以下各数是合法的十进制整常数：

- 237
- -568
- 1627

(2) 以下各数是不合法的十进制整常数：

- 023(不能有前导 0)
- 23D(含有非十进制数码)

在程序中是根据前缀来区分各种进制数的。因此在书写常数时不要把前缀弄错，以免造成结果不正确。

4. 整型常数的后缀

在 16 位字长的机器上，基本整型的长度也为 16 位，因此表示的数的范围也是有限定的。十进制无符号整常数的范围为 0~65535，有符号数为-32768~+32767。八进制无符号数的表示范围为 0~0177777。十六进制无符号数的表示范围为 0X0~0XFFFF 或 0x0~0xFFFF。如果使用的数超过了上述范围，就必须用长整型数来表示。长整型数是用后缀“L”或“l”来表示的(注意，字母“L”的小写形式“l”与数字“1”看上去很相似，切勿混淆)。

下面给出一些例子。

(1) 十进制长整常数：

- 158L(十进制为 158)
- 358000L(十进制为 358000)

(2) 八进制长整常数：

- 012L(十进制为 10)
- 0200000L(十进制为 65536)

(3) 十六进制长整常数：

- 0X15L(十进制为 21)
- 0XA5L(十进制为 165)
- 0X10000L(十进制为 65536)

长整数 158L 与基本整常数 158 在数值上并无区别。但对 158L，因为是长整型量，C

编译系统将为它分配 4 个字节的存储空间。而对 158，因为是基本整型，只分配两个字节的存储空间。因此在运算和输出格式上要予以注意，避免出错。

无符号数也可用后缀表示，整型常数的无符号数的后缀为“U”或“u”。例如：358u、0x38Au、235Lu 均为无符号数。前缀和后缀可同时使用以表示各种类型的数。如 0XA5Lu 表示十六进制无符号长整数 A5，其十进制为 165。

2.2.2 整型变量

1. 整型变量的分类

整型变量可分为基本整型、短整型、长整型和无符号整型 4 种。

(1) 基本整型。类型声明符为 int。

(2) 短整型。类型声明符为 short int 或 short。

(3) 长整型。类型声明符为 long int 或 long。

(4) 无符号整型。类型声明符为 unsigned，存储单元中全部二进制位(bit)都用作存放数据本身，而不包括符号。由于省去了符号位，因此不能表示负数。无符号型又可与前面的 3 种类型匹配而构成另外几种类型。

① 无符号基本整型：类型声明符为 unsigned int 或 unsigned。

② 无符号短整型：类型声明符为 unsigned short。

③ 无符号长整型：类型声明符为 unsigned long。

不同数据类型变量在内存中所占的字节数因编译器和操作系统而异。表 2.1 列出了 64 位系统中各种整型变量所占的内存字节数。

表 2.1 整型变量所占内存字节数

类 型	占内存字节数
int	4
short [int]	2
long [int]	8
unsigned [int]	4
unsigned short	2
unsigned long	8

2. 整型变量的定义

变量定义的一般形式为：

```
类型声明符 变量名 1, 变量名 2, ...;
```

例如：

```
int a, b, c;       /* 定义 a、b、c 为整型变量 */
long m, n;         /* 定义 m、n 为长整型变量 */
unsigned p, q;        /* 定义 p、q 为无符号整型变量 */
```

变量定义时应注意以下几点。

(1) 允许在一个类型声明符后定义多个相同类型的变量。各变量名之间用逗号间隔。类型声明符与变量名之间至少用一个空格间隔。

(2) 最后一个变量名之后(即整个变量定义语句)必须以分号(;)结束。

(3) 变量定义必须放在变量使用之前。一般放在函数体的开头部分。

(4) 可在定义变量的同时为变量赋初值。其格式为：

```
类型声明符　变量名 1 = 初值 1, 变量名 2 = 初值 2, ...;
```

【例 2.2】整型变量的定义与初始化。程序代码如下：

```
#include <stdio.h>
main()
{
   int a=3, b=5;      /*  定义整型变量 a、b 的同时初始化变量  */
   printf("a+b=%d\n", a+b);
}
```

运行结果：

```
a+b=8
```

2.3　实 型 数 据

2.3.1　实型常量

实型也称为浮点型。实型常量也称为实数或者浮点数。在 C 语言中，实数只采用十进制。它有两种形式，十进制数形式和指数形式。

1. 十进制数形式

十进制数由数码 0~9 和小数点组成。例如 0.0、.25、5.789、0.13、5.0、300.、−267.8230 等均为合法的实数。

2. 指数形式

指数由十进制数加阶码标志“e”或“E”以及阶码(只能为整数，可以带符号)组成。其一般形式为 a E n (a 为十进制数，n 为十进制整数)，其值为 $a\times10^{n}$。

(1) 以下是合法的实数：

- 2.1E5(等于 2.1×10^{5})
- 3.7E−2(等于 3.7×10^{-2})
- −2.8E−2(等于 -2.8×10^{-2})

(2) 以下是不合法的实数：

- E7(阶码标志 E 之前无数字)
- 53.−E3(负号位置不对)
- 2.7E(无阶码)

2.3.2 实型变量

实型变量分为两类。

1. 单精度型

单精度型变量的类型声明符为 float，在 64 位系统中，单精度型占 4 个字节(32 位)内存空间，其数值范围(绝对值)为 3.4E−38 ~ 3.4E+38，可提供 7 位有效数字。

2. 双精度型

双精度型变量的类型声明符为 double，在 64 位系统中，双精度型占 8 个字节(64 位)内存空间，其数值范围(绝对值)为 1.7E−308 ~ 1.7E+308，可提供 16 位有效数字。

定义实型变量的格式和书写规则与整型相同。

例如：

```
float x, y;              /*  定义 x、y 为单精度实型变量*/
double a, b, c;              /*  定义 a、b、c 为双精度实型变量*/
```

也可在定义实型变量的同时，初始化该变量。

例如：

```
float x=3.2, y=5.3;
double a=0.2, b=1.3, c;
```

注意，实型常量不分单精度和双精度。一个实型常量可以赋值给一个 float 或 double 型变量，根据变量的类型截取实型常量中相应的有效位数字。下面的例子说明了单精度实型变量对有效位数字的限制。

【例 2.3】单精度实型变量对有效位数字的限制。程序代码如下：

```
#include <stdio.h>
main()
{
    float a;
    a = 0.123456789;
    printf("a=%f", a);
}
```

运行结果：

```
a=0.123457
```

下面的例子说明了 float 类型变量和 double 类型变量的不同。

【例 2.4】演示 float 类型变量和 double 类型变量的区别。程序代码如下：

```
#include <stdio.h>
main()
{
    float a;
    double b;
```

```
    a = 33333.333333;
    b = 33333.333333333;
    printf("a=%f\nb=%f\n", a, b);       /* 用格式化输出函数输出a和b的值 */
}
```

运行结果：

```
a=33333.332031
b=33333.333333
```

程序说明：

本例中，由于变量a是单精度型，有效位数只有7位，而整数部分已占5位，故小数点后面2位之后均为无效数字。变量b是双精度型，有效位为16位，但小数点后最多保留6位，其余部分四舍五入。

2.4 字符型数据

字符型数据包括字符常量、字符变量和字符串常量。

2.4.1 字符常量

字符常量是用单引号括起来的一个字符。例如'a'、'b'、'A'、'='、'?'都是合法的字符常量。在C语言中，字符常量有以下特点：

- 字符常量只能用单引号括起来，不能用双引号或其他括号。
- 字符常量只能是单个字符，不能是字符串。
- 字符可以是字符集中的任意字符。但数字被定义为字符型之后就不再是原来的数值了。如'5'和5是不同的量。'5'是字符常量，而5是整型常量。

除了以上形式的字符常量外，C语言还允许用一种特殊形式的字符常量，即转义字符。转义字符以反斜线“\”开头，后跟一个或几个字符。转义字符具有特定的含义，不同于字符原有的意义，故称“转义”字符。

例如，在前面各例题printf函数的格式串中用到的“\n”就是一个转义字符，其意义是“回车换行”。

转义字符主要用来表示那些用一般字符不便于表示的控制代码。常用的转义字符及其含义见表2.2。

表2.2 常用转义字符表

转义字符	转义字符的意义	转义字符	转义字符的意义
\n	回车换行	\\	反斜线符(\)
\t	横向跳到下一制表位置	\'	单引号符
\v	竖向跳格	\"	双引号符
\b	退格	\a	鸣铃
\r	回车	\ddd	1~3位八进制数所代表的字符
\f	走纸换页	\xhh	1~2位十六进制数所代表的字符

【例 2.5】转义字符的使用。程序代码如下：

```
main()
{
    int a, b, c;          /* 定义 a、b、c 为整型变量 */
    a = 5; b = 6; c = 7;
    printf("%d\n\t%d  %d\n", a, b, c);
    printf("  %d   %d\t\b%d\n", a, b, c);    /* 按要求格式输出 a、b、c 的值 */
}
```

运行结果：

```
5
        6  7
  5   67
```

程序说明：

程序在第一列输出 a 的值 5 之后就是“\n”，故回车换行；接着又是“\t”，于是跳到下一制表位置(设制表位置间隔为 8)，再输出 b 值 6；空两格再输出 c 值 7 后又是“\n”，因此再回车换行；再空两格之后又输出 a 值 5；再空 3 格又输出 b 的值 6；再次遇“\t”跳到下一制表位置(与上一行的 6 对齐)，但下一转义字符“\b”又使之退回一格，故紧跟着 6 再输出 c 值 7。

2.4.2 字符变量

字符变量用来存放字符常量，即单个字符。每个字符变量被分配一个字节的内存空间，因此只能存放一个字符。字符变量的类型声明符为 char。字符变量类型声明的格式和书写规则都与整型变量相同。

例如：

```
char a, b;           /* 定义字符变量 a 和 b */
a = 'x', b = 'y';      /* 给字符变量 a 和 b 分别赋值'x'和'y' */
```

将一个字符常量存放到一个变量中，实际上并不是把该字符本身放到变量内存单元中去，而是将该字符相应的 ASCII 码放到存储单元中。

例如字符‘x’的十进制 ASCII 码是 120，字符‘y’的十进制 ASCII 码是 121。对字符变量 a、b 赋‘x’和‘y’值(a=‘x’; b=‘y’;)，实际上是在 a、b 两个单元中存放 120 和 121 的二进制代码：

- a 0 1 1 1 1 0 0 0 (ASCII 120)
- b 0 1 1 1 1 0 0 1 (ASCII 121)

既然字符数据在内存中以 ASCII 码存储，它的存储形式与整数的存储形式相类似，所以也可以把它们看成是整型量。C 语言允许对整型变量赋字符值，也允许对字符变量赋整型值。在输出时，允许把字符数据按整型形式输出，也允许把整型数据按字符形式输出。以字符形式输出时，需要先将存储单元中的 ASCII 码转换成相应的字符，然后输出。以整数形式输出时，直接将 ASCII 码当作整数输出。也可以对字符数据进行算术运算，此时相当于对它们的 ASCII 码进行算术运算。

整型数据为 2 字节量，字符数据为 1 字节量，当整型数据按字符型量处理时，只有低 8 位字节参与处理。

【例 2.6】字符变量的使用。程序代码如下：

```
#include <stdio.h>
main()
{
    char a, b;
    a = 120;
    b = 121;
    printf("%c,%c\n%d,%d\n", a, b, a, b);
}
```

运行结果：

```
x,y
120,121
```

程序说明：

本程序中，定义 a、b 为字符型变量，但在赋值语句中赋以整型值。从结果看，a、b 值的输出形式取决于 printf()函数格式串中的格式符，当格式符为“%c”时，对应输出的变量值为字符形式，当格式符为“%d”时，对应输出的变量值为整数形式。

【例 2.7】将小写字母转换成大写字母。程序代码如下：

```
#include <stdio.h>
main()
{
    char a, b;
    a = 'x';
    b = 'y';
    a = a-32;                                    /* 把小写字母转换成大写字母 */
    b = b-32;
    printf("%c,%c\n%d,%d\n", a, b, a, b);        /* 以字符型和整型输出 */
}
```

运行结果：

```
X,Y
88,89
```

程序说明：

由于每个小写字母比它相应的大写字母的 ASCII 码大 32，如‘a’=‘A’+32、‘b’=‘B’+32，因此，语句 a=a-32;即可将字符变量 a 中原有的小写字母转换成大写字母。

2.4.3　字符串常量

前面已经提到，字符常量是由一对单引号括起来的单个字符。C 语言除了允许使用字符常量外，还允许使用字符串常量。字符串常量是由一对双引号括起来的字符序列。

如“CHINA”、“C program”、“$12.5”等都是合法的字符串常量。

可以输出一个字符串，例如：

```
printf("Hello world!");
```

初学者容易将字符常量与字符串常量混淆。'a'是字符常量，"a"是字符串常量，二者不同。假设 c 被指定为字符变量，则 c='a';是正确的，而 c="a";是错误的。即：不能把一个字符串赋值给一个字符变量。

那么，'a'和"a"究竟有什么区别呢？C 语言规定，在每一个字符串的结尾加一个字符串结束标记，以便系统据此判断字符串是否结束。C 语言规定以字符'\0'作为字符串结束标记。'\0'是一个 ASCII 码为 0 的字符，也就是空操作字符，即它不引起任何控制动作，也不是一个可显示的字符。如字符串"WORLD"在内存中的实际存放形式为：

W	O	R	L	D	\0

可以看出，字符串"WORLD"在内存中需要 6 个字节的存储空间，最后一个字节存储的是字符串结束标记'\0'。注意，'\0'是系统自动加上的。因此，"a"实际包含了两个字符：'a'和'\0'，因此，把"a"赋值给一个字符变量显然是错误的。

在 C 语言中，没有专门的字符串变量，字符串如果需要存放在变量中，则需要用字符数组来存放，这将在后面的第 6 章中介绍。

2.5 不同类型数据的混合运算

整型、实型(包括单精度和双精度)、字符型数据间可以混合运算。例如，下面的语句是合法的：

```
int x = 10 + 'a' + 1.5 - 12.34 * 'b';
```

在进行混合运算时，不同类型的数据要转换成同一类型。转换的方法有两种，一是自动转换，二是强制转换。

2.5.1 类型的自动转换

自动转换发生在不同类型的数据混合运算时，由编译系统自动完成。自动转换遵循以下规则：

- 若参与运算量的类型不同，则先转换成同一类型，然后进行运算。
- 转换按数据长度增加的方向进行，以保证精度不降低。如 int 型和 long 型混合运算时，先把 int 量转成 long 型后再进行运算。
- 所有的浮点运算都是以双精度进行的，即使仅含 float 单精度量运算的表达式，也要先转换成 double 型，再进行运算。
- char 型和 short 型参与运算时，必须先转换成 int 型。
- 在赋值运算中，赋值号两边量的数据类型不同时，赋值号右边量的类型将转换为左边量的类型。如果右边量的数据类型长度比左边长时，将丢失一部分数据，这样会降低精度，丢失的部分按四舍五入向前舍入。

图 2.2 表示了类型自动转换的规则。

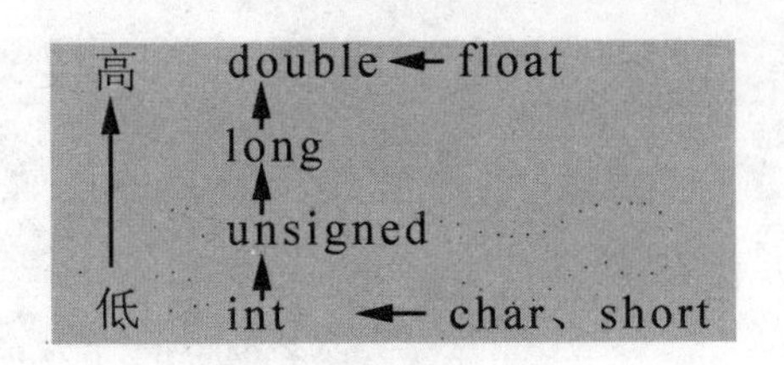

图 2.2　类型转换方向

图 2.2 中横向向左的箭头表示必定发生的转换，如字符型数据必先转成整型，单精度数据先转成双精度数据等。

图 2.2 中纵向的箭头表示当运算对象为不同的类型时转换的方向。例如整型与双精度型数据进行运算，先将整型数据转换成双精度型数据，然后在两个同类型数据(双精度)间进行运算，结果为双精度型。注意箭头方向只表示数据类型级别的高低，由低向高转换。不要理解为整型先转成无符号型，再转成长整型，再转成双精度型。如果一个整型数据与一个双精度型数据运算，是直接将整型转成双精度型。同理，一个整型数据与一个长整型数据运算，先将整型转成长整型。

换言之，如果有一个数据是双精度型，则另一单精度型数据要先转成双精度型，结果为双精度型。如果两个数据中最高级别为长整型，则另一数据转成长整型，结果为长整型。其他依此类推。

假设 i 已指定为整型变量，f 为单精度实型变量，d 为双精度实型变量，e 为长整型变量，则表达式 10 + ‘a’ + i * f－ d / e 的运算次序如下。

(1)　进行 10 + ‘a’的运算，先将‘a’转换成整数 97，运算结果为 107。

(2)　进行 i * f 的运算，先将‘i’和‘f’都转换成双精度型，运算结果为双精度型。

(3)　整数 107 和 i * f 的积相加，先将整数 107 转换成双精度型(107.000000)，运算结果为双精度型。

(4)　进行 d / e 的运算，先将 e 转换成双精度型，运算结果为双精度型。

(5)　将 10 + ‘a’ + i * f 的结果与 d / e 的商相减，结果为双精度型。

上述的类型转换是由系统自动进行的。

2.5.2　类型的强制转换

强制类型转换是通过类型转换运算来实现的，其一般形式为：

```
(类型声明符) (表达式)
```

其功能是把表达式的运算结果强制转换成类型声明符所表示的类型。例如，(float)a 把 a 转换为实型，(int)(x+y)把 x+y 的结果转换为整型。

在使用强制转换时应注意下列问题：

- 类型声明符和表达式都必须加括号(单个变量可以不加括号)，如把(int)(x+y)写成(int)x+y，则成了把 x 转换成 int 型之后再与 y 相加。
- 无论是强制转换还是自动转换，都只是为了本次运算的需要而对变量进行的临时性转换，而不改变变量本身的类型。

【例 2.8】类型的强制转换。程序代码如下：

```
#include <stdio.h>
main()
{
    float f = 5.75;
    printf("(int)f=%d,f=%f\n", (int)f, f);
}
```

运行结果：

```
(int)f=5,f=5.75
```

本例表明，f 虽强制转为 int 型，但只在运算中起作用，这种转换是临时的，而 f 本身的类型并不改变。

在学习了上述相关知识之后，我们通过下例来完成本章开篇提出的任务之一。

【例 2.9】变量的定义及赋值。已知 a=6，b=2.5，求表达式(a+b)/3 的值。代码如下：

```
#include <stdio.h>
main()
{
    int a = 6;
    float b=2.5, y;
    y = (a + b) / 3;
    printf("(a+b)/3=%f", y);
}
```

运行结果：

```
(a+b)/3=2.833333
```

2.6 运算符与表达式

C 语言中规定了各种运算符号，它们是构成 C 语言表达式的基本元素。本章介绍 C 语言中的各类运算符及其构成表达式的规则：包括算术、赋值、自增和自减、逗号运算符的运算规则；算术表达式、赋值表达式、逗号表达式的求解过程；算术、赋值、自增和自减、逗号运算符的优先级别和结合性。

2.6.1 运算符简介

运算是对数据进行加工的过程，用来表示各种不同运算的符号称为运算符。C 语言提供了相当丰富的一组运算符。除了一般高级语言所具有的算术运算符、关系运算符、逻辑运算符外，还提供了赋值运算符、位运算符、自增和自减运算符等。运算符分类见表 2.3。

表 2.3 C 语言的运算符

运算符种类	运 算 符
算术运算符	+ - * / %
自增、自减运算符	++ --

续表

<table>
<tr><th>运算符种类</th><th>运 算 符</th></tr>
<tr><td>关系运算符</td><td>>　<　==　>=　<=　!=</td></tr>
<tr><td>逻辑运算符</td><td>!　&&　||</td></tr>
<tr><td>位运算符</td><td><<　>>　~　|　^　&</td></tr>
<tr><td>赋值运算符</td><td>=及其扩展赋值运算符</td></tr>
<tr><td>条件运算符</td><td>? :</td></tr>
<tr><td>逗号运算符</td><td>,</td></tr>
<tr><td>指针运算符</td><td>*　&</td></tr>
<tr><td>求字节数运算符</td><td>sizeof</td></tr>
<tr><td>强制类型转换运算符</td><td>(类型)</td></tr>
<tr><td>分量运算符</td><td>.　-></td></tr>
<tr><td>下标运算符</td><td>[ ]</td></tr>
<tr><td>其他运算符</td><td>如函数调用运算符()</td></tr>
</table>

2.6.2　算术运算符和算术表达式

1. 算术运算符

算术运算符除了取负值运算符外都是双目运算符，即指两个运算对象之间的运算。取负值运算符是单目运算符。

表 2.4 给出了基本算术运算符的种类和功能。

表 2.4　算术运算符

运 算 符	名　称	举　例	运算功能
-	取负值	-x	取 x 的负值
+	加	x+y	求 x 与 y 的和
-	减	x-y	求 x 与 y 的差
*	乘	x*y	求 x 与 y 的积
/	除	x/y	求 x 与 y 的商
%	求余(或模)	x%y	求 x 除以 y 的余数

使用算术运算符应注意以下几点：

- 减法运算符“-”可作取负值运算符，这时为单目运算符。例如-(x+y)、-10 等。
- 使用除法运算符“/”时，若参与运算的变量均为整数时，其结果也为整数(舍去小数)；若除数或被除数中有一个为负数，则结果值随机器而定。例如：-7/4，在有的机器上得到结果为-1，而有的机器上得到结果-2。多数机器上采取“向零取整”原则，例如：7/4=1，-7/4=-1，取整后向零靠拢。
- 使用求余运算符(模运算符)“%”时，要求参与运算的变量必须均为整型，其结果值为两数相除所得的余数。一般情况下，所得的余数与被除数符号相同。例如：7%4=3，10%5=0，-8%5=-3，8%-5=3。

2. 算术表达式

用算术运算符、圆括号将运算对象(或称操作数)连接起来的符合 C 语言语法规则的式子，称为算术表达式。其中运算对象可以是常量、变量、函数等。例如：

```
a*b/c-1.5+'a'
```

C 语言的算术表达式的书写形式与数学中表达式的书写形式是有区别的，在使用时要注意以下几点。

- C 语言表达式中的乘号不能省略。例如：
  数学式 b^2-4ac，相应的 C 语言表达式应写成 b*b-4*a*c。
- C 语言表达式中只能使用系统允许的标识符。例如：
  数学式 πr^2 相应的 C 语言表达式应写成 3.1415926*r*r。
- C 语言表达式中的内容必须书写在同一行，不允许有分子分母形式，必要时要利用圆括号保证运算的顺序。例如：
  数学式 $\frac{a+b}{c+d}$ 相应的 C 语言表达式应写成(a+b)/(c+d)。
- C 语言表达式不允许使用方括号和花括号，只能使用圆括号帮助限定运算顺序。可以使用多层圆括号，但左右括号必须配对，运算时从内层圆括号开始，由内向外依次计算表达式的值。

3. 算术运算符的优先级和结合性

C 语言规定了在表达式求值过程中各运算符的优先级和结合性。

- 优先级：是指当一个表达式中如果有多个运算符时，则计算是有先后次序的，这种计算的先后次序称为相应运算符的优先级。
- 结合性：是指当一个运算对象两侧的运算符的优先级别相同时，进行运算(处理)的结合方向。按“从右向左”的顺序运算，称为右结合性；按“从左向右”的顺序运算，称为左结合性。表 2.5 中给出了算术运算符的优先级和结合性。

表 2.5　算术运算符的优先级和结合性

运算种类	结合性	优先级
* / %	从左向右	高 ↓ 低
+ -	从左向右	

在算术表达式中，若包含不同优先级的运算符，按运算符的优先级别由高到低进行运算；若表达式中运算符的优先级别相同时，则按运算符的结合方向(结合性)进行运算。

在书写包含多种运算符的表达式时，应注意各个运算符的优先级，从而确保表达式中的运算符能以正确的顺序执行，如果对复杂表达式中运算符的计算顺序没有把握确定，可用圆括号来强制实现所希望的计算顺序。

2.6.3　赋值运算符和赋值表达式

1. 赋值运算

赋值符号“=”就是赋值运算符，由赋值运算符组成的表达式称为赋值表达式。其一般形式为：

```
变量名 = 表达式;
```

赋值的含义是指将赋值运算符右边表达式的值存放到以左边变量名为标识的存储单元中。

说明：

- 赋值运算符的左边必须是变量，右边的表达式可以是单一的常量、变量、表达式和函数调用语句。例如，下面都是合法的赋值表达式：

```
x = 10;
y = x + 10;
y = func();
```

- 赋值符号“=”不同于数学中使用的等号，它没有相等的含义。例如 x=x+1;的含义是取出变量 x 中的值加 1 后，再存入变量 x 中去。
- 在一个赋值表达式中，可以出现多个赋值运算符，其运算顺序是从右向左结合。例如，下面是合法的赋值表达式：

```
x = y = z = 0;      /* 相当于 x = (y = (z = 0)); */
```

上面的表达式在运算时，先执行 z=0，再把其结果赋予 y，最后再把 y 的赋值表达式结果值 0 赋予 x。又如：

```
a = b = 3 + 5;      /* 相当于 a = (b = 3 + 5); */
```

运算时，先执行 b=3+5，再把它的结果赋予 a，最后使 a、b 的值均为 8。

- 进行赋值运算时，当赋值运算符两边的数据类型不同时，将由系统自动进行类型转换。转换的原则是，赋值运算符右边的数据类型转换成左边的变量类型。转换规则参见表 2.6。

表 2.6　赋值运算中数据类型的转换规则

运算符左边的类型	运算符右边的类型	转换说明
float	int	将整型数据转换成实型数据后再赋值
int	float	将实型数据的小数部分截去后再赋值
long int	int、short	值不变
int、short int	long int	右侧的值不能超过左侧数据值的范围，否则将导致意外的结果
unsigned	signed	按原样赋值。但是如果数据范围超过相应整型的范围，将导致意外的结果
signed	unsigned	

2. 复合赋值运算符

为了提高编译生成的可执行代码的执行效率，C 语言规定可以在赋值运算符“=”之前加上其他运算符，以构成复合赋值运算符。

其一般形式为：

```
变量  双目运算符=表达式;
```

等价于：

```
变量 = 变量 双目运算符 表达式;
```

例如：

```
n += 1;      /* 等价于 n = n + 1; */
x *= y+1;    /* 等价于 x = x * (y+1); 运算符“+”的优先级高于复合赋值运算符“*=” */
```

C 语言规定，所有双目运算符都可以与赋值运算符一起组合成复合赋值运算符。共存在 10 种复合赋值运算符，即+=、-=、*=、/=、%=、<<=、>>=、&=、^=、||=。

其中后 5 种是有关位运算的，位运算将在以后的章节中介绍。复合赋值运算符的优先级与赋值运算符的优先级相同，且结合方向也一致。

3. 赋值表达式

由赋值运算符将一个变量和一个表达式连接起来的式子称为“赋值表达式”。

一般形式为：

```
变量 = 表达式;
```

赋值表达式的求解过程如下。

(1) 先求解赋值运算符右侧的“表达式”的值。

(2) 将赋值运算符右侧“表达式”的值赋给左侧变量。

(3) 赋值表达式的值就是被赋值变量的值。

例如，下面这个赋值表达式的值为 5(变量 a 的值也是 5)：

```
a = 5;
```

说明：

- 赋值表达式中的“表达式”，也可以是一个赋值表达式。例如：

```
a = (b = 5); /* 赋值表达式值为 5，a、b 的值均为 5 */
a = (b = 4) + (c = 3); /* 赋值表达式值为 7，a 的值为 7，b 的值为 4，c 的值为 3 */
```

- 赋值表达式也可以包含复合的赋值运算符。例如：

```
a += a -= a * a;
```

如果 a 的初值为 12，此赋值表达式的求解步骤如下：

先进行“a-=a*a”的运算，相当于 a=a-a*a=12-12*12=-132。

再进行“a+=-132”的运算，相当于 a=a+(-132)=-132-132=-264。

2.6.4　逗号运算符和逗号表达式

在 C 语言中，逗号运算符即“,”，可以用于将若干个表达式连接起来构成一个逗号表达式。其一般形式为：

```
表达式 1, 表达式 2, ..., 表达式 n;
```

求解过程为：自左至右，先求解表达式 1，再求解表达式 2，……，最后求解表达式 n。表达式 n 的值即为整个逗号表达式的值。例如：

```
3 + 5, 6 + 8
```

这是一个逗号表达式，它的值为第 2 个表达式 6+8 的值，即为 14。

逗号运算符在所有运算符中的优先级别最低，且具有从左至右的结合性。它起到了把若干个表达式串联起来的作用。例如：

```
a = 3 * 4, a * 5, a + 10;
```

求解过程为：先计算 3*4，将值 12 赋给 a，然后计算 a*5 的值为 60，最后计算 a+10 的值为 12+10=22，所以整个表达式的值为 22。注意变量 a 的值为 12。

使用逗号表达式应注意以下两点：

- 一个逗号表达式可以与另一个表达式组成一个新的逗号表达式。例如：

  ```
  (a = 3 * 4, a * 5), a + 10;
  ```

  其中逗号表达式 a=3*4, a*5 与表达式 a+10 构成了新的逗号表达式。

- 不是任何地方出现逗号都作为逗号运算符。例如，在变量声明中的逗号只起间隔符的使用，不构成逗号表达式。

2.6.5　其他常用运算符

自增、自减运算符是单目运算符，即仅对一个运算对象施加运算，运算结果仍赋予该运算对象。参加运算的运算对象只能是变量而不能是表达式或常量，其功能是使变量值自增 1 和自减 1。表 2.7 列出了自增、自减运算符的种类和功能。

表 2.7　自增、自减运算符

运 算 符	名 称	举 例	等价运算
++	加 1	i++或++i	i=i+1
--	减 1	i--或--i	i=i-1

从表 2.7 中可以看出，自增、自减运算符可以用在运算量之前(如++i、--i)，称为前置运算；自增、自减运算符也可以用在运算量之后(如 i++、i--)，称为后置运算。

对一个变量 i 实行前置运算(++i)或后置运算(i++)，其运算结果是一样的，即都使变量 i 值加 1(i=i+1)。但++i 和 i++的不同之处在于，++i 是先执行 i=i+1 后，再使用 i 的值；而 i++是先使用 i 的值后，再执行 i=i+1。

例如，假设 i 的初值等于 3，则：

```
j = ++i;    /* i 的值先变成 4，再赋给 j，j 的值为 4 */
j = i++;    /* 先将 i 的值赋给 j，j 的值为 3，然后 i 变为 4 */
```

综上所述，前置运算与后置运算的区别在于：

- 前置运算是变量的值首先加 1 或减 1，然后再以该变量变化后的值参加其他运算。
- 后置运算是变量的值参加有关的运算，然后再将变量的值加 1 或减 1，即参加运算的是变量变化前的值。

说明：

- 自增运算符(++)或自减运算符(--)只能用于变量，而不能用于常量或表达式。例如，6++或(a+b)++都是不合法的。
- 自增运算符(++)或自减运算符(--)的结合方向是“自右至左”。例如，对于-i++，因为“-”运算符与“++”运算符的优先级相同，而结合方向为“自右至左”，即它相当于-(i++)。

2.6.6 运算符的优先级与结合性

C 语言规定了运算符的“优先级”和“结合性”。在表达式求值时，先按运算符的“优先级别”高低次序执行。

例如表达式 a-b*c 等价于 a-(b*c)，“*”运算符的优先级高于“-”运算符。

如果在一个运算对象两侧的运算符优先级别相同，则按规定的“结合方向”处理。左结合性(自左向右结合方向)是指运算对象先与左面的运算符结合。右结合性(自右向左结合方向)是指运算对象先与右面的运算符结合。

如在表达式 a-b+c 中，运算符“+”和“-”的优先级别相同，结合性为“自左向右”，即 b 先与左边的 a 结合。所以 a-b+c 等价于(a-b)+c。

在书写有多个运算符的表达式时，应当注意各个运算符的优先级，确保表达式中的运算符能以正确的顺序参与运算。对于复杂表达式，为了清晰起见，可加圆括号“( )”强制规定运算顺序。

在学习了上述相关知识之后，我们通过下例来完成本章开篇提出的任务之二。

【例 2.10】把数学算式转换成 C 语言表达式。输入变量 x、y、z 的值，根据以下算式求 n 的值。

$$n = x^2 + \frac{yz}{2}$$

该算式转换成 C 语言表达式应为 x*x+y*z/2。源程序如下：

```
#include <stdio.h>
main()
{
    int x, y, z;
    float n;
```

```
    scanf("%d%d%d", &x, &y, &z);
    n = x * x + y * z /(float)2;
    printf("n=%f", n);
}
```

运行结果：

```
3 15 9 ↙
n=76.500000
```

通过上述学习，读者已经掌握了必备的知识，现在可以通过下例来完成本章开篇提出的主要任务。

【例 2.11】已知整型变量 a、b 的值，根据以下算式计算并输出 x 的值。

$$x = \frac{-b + 5a^2}{2a}$$

程序代码如下：

```
#include <stdio.h>
main()
{
    int a, b;
    float x;
    a = 12;
    b = 5;
    x = (float)(-b + 5 * a * a) / (2 * a);
    printf("x=%f", x);
}
```

运行结果：

```
x=29.791667
```

2.7 上机实训：基本数据类型的简单程序设计

2.7.1 实训目的

(1) 掌握 C 语言基本数据类型的常量表示、变量的定义和使用。

(2) 学会使用 C 语言的有关算术运算符，以及包含这些运算符的表达式。

(3) 能够将数学算式转换为 C 语言表达式。

(4) 进一步熟悉 C 程序的结构特点，学习简单程序的编写方法。

(5) 进一步熟悉 VC++集成开发环境的使用。

2.7.2 实训内容

1. 分析与调试

(1) 程序代码如下：

```
#include <stdio.h>
main()
{
    int a, b, c, d, timsum;
    a = 8, b = 7, c = 5, d = 6;
    timsum = a * b + c * d;
    printf("%d*%d+%d*%d=%d\\t%d\\n", a, b, c, d, timsum, 10 * 5);
}
```

(2) 程序代码如下：

```
#include <stdio.h>
main()
{
    int a = 2, b = 5, c = 6, d = 10;
    int z;
    float x, y;
    x = 12;
    y = 365.2114;
    z = (float)a + b;
    a += b;
    b -= c;
    c *= d;
    d /= a;
    a %= c;
    printf("%f\\n", z);
    printf("%d %d %d %d %d\\n", a, b, c, d, a);
}
```

(3) 程序代码如下：

```
#include <stdio.h>
main()
{
    float m, n, s;
    printf("m = ");
    scanf(" %f", &m);
    printf(" n = ");
    scanf(" %f", &n);
    s = m * n;
    printf("s=%f \n", s);
}
```

(4) 程序代码如下：

```
#include <stdio.h>
main()
```

```
{
    char letter1, letter2;
    letter1 = 'A';
    letter2 = letter1 + 3;
    printf("%c, %d \n", letter2, letter2);
}
```

(5) 程序代码如下：

```
#include <stdio.h>
main()
{
    int n1=2, n2=4;
    float n3, n4;
    n3 = n1 / n2;
    n4 = (float)n1/n2;
    printf("n1/n2=%f\n", n3);
    printf("(float)n1/n2=%f", n4);
}
```

(6) 程序代码如下：

```
#include <stdio.h>
main()
{
    char c1,c2;
    c1='a';c2='A';
    printf("%d\n",c1-c2);
}
```

2. 完善程序

已知一元二次方程 $ax^2+bx+c=0$，其中，a=1，b=4，c=2。下面的程序是求方程的两个实数根，请在横线处填写正确的语句或表达式，使程序完整。程序的后面给出了该程序正确的运行结果，看看你的程序运行结果是否与书中的结果一致。

提示：

(1) 求根公式为：

$$x = \frac{-b \pm \sqrt{b^2 - 4ac}}{2a}$$

(2) C 语言中计算平方根的函数是 sqrt()函数，例如，sqrt(a+b)是求 a+b 的平方根。

```
#include <math.h>
#include <stdio.h>
main()
{
    int ______________________;     /* 定义整型变量 a、b、c，并给变量赋初值 */
    float d, x1, x2;
    d = sqrt(______________________);    /* 求 b²-4ac 的平方根 */
    x1 = ______________________;     /* 求 x1 的值 */
    x2 = ______________________;     /* 求 x2 的值 */
```

```
    printf("x1=%f\n", x1);
    printf("x2=%f\n", x2);
}
```

运行结果：

```
x1=-0.585786
x2=-3.414214
```

3. 编程与调试

(1) 输入长方形的长和宽，输出长方形的周长和面积。

(2) 输入一个字符，输出其 ASCII 代码。

(3) 输入 3 个整数，输出它们的和及平均值。

2.8 习　题

1. 填空题

(1) 在 C 语言中，用“\”开头的字符序列称为转义字符。转义字符“\n”的功能是______________；转义字符“\r”的功能是______________________。

(2) 运算符“%”两侧运算对象的数据类型必须都是___________；运算符“++”和“--”运算对象的数据类型必须是____________。

(3) 表达式 8/4*(int)2.5/(int)(1.25*(3.7+2.3))值的数据类型为____________。

(4) 表达式(3+10)/2 的值为__________________。

2. 选择题

(1) 下列 4 组选项中，均不是 C 语言关键字的选项是_______。

A. define　IF　type

B. getc　char　printf

C. include　case　scanf

D. while　go　pow

(2) 下列 4 组选项中，均是合法转义字符的选项是_______。

A. '\"'　'\\'　'\n'　　B. '\'　'\017'　'\"'

C. '\018' '\f'　'xab'　　D. '\\0'　'\101'　'xlf'

(3) 已知字母'b'的 ASCII 码值为 98，如 ch 为字符型变量，则表达式 ch='b'+'5'−'2'的值为_______。

A. e　　B. d　　C. 102　　D. 100

(4) 以下表达式值为 3 的是_______。

A. 16−13%10　　B. 2+3/2　　C. 14/3−2　　D. (2+6)/(12−9)

(5) 以下叙述不正确的是_______。

A. 在 C 程序中，逗号运算符的优先级最低

B. 在 C 程序中，MAX 和 max 是两个不同的变量

C. 若 a 和 b 类型相同，在计算了赋值表达式 a=b 后，b 中的值将放入 a 中，而 b 中的值不变

D. 当从键盘输入数据时，对于整型变量只能输入整型数值，对于实型变量只能输入实型数值

3. 分析题

分析下列程序，写出运行结果。

(1) 程序代码如下：

```
#include <stdio.h>
main()
{
    char c1 = '6', c2 = '0';
    printf("%c,%c,%d\n", c1, c2, c1-c2);
}
```

(2) 程序代码如下：

```
#include <stdio.h>
main()
{
    int x = 010, y = 10, z = 0x10;
    printf("%d,%d,%d\n", x, y, z);
}
```

(3) 程序代码如下：

```
#include <stdio.h>
main()
{
    int a = 2, b = 3;
    float x = 3.9, y = 2.3;
    float r;
    r = (float)(a + b) / 2 + (int)x % (int)y;
    printf("%f\n", r);
}
```

4. 编程题

(1) 已知：

$$y = \frac{a^2 + b^2}{a + b}$$

其中，a=−10，b=30。编一程序求 y 的值。

(2) 已知年利率为 3.2%，存款总额为 2 万元，求一年后的本息合计并输出。

第 3 章　顺序结构程序设计

C 语言是结构化程序设计语言，一个结构化程序只能由顺序结构、选择结构和循环结构 3 种基本结构来描述。其中顺序结构是一种最基本、最简单的程序结构。

本章内容：

- 算法的简单描述。
- 数据的输入和输出。
- 顺序结构程序示例。

学习目标：

- 理解算法的概念及算法的表示方法。
- 理解结构化程序设计方法。
- 掌握格式输出函数 printf()、格式输入函数 scanf()的使用。
- 掌握字符输出函数 putchar()及字符输入函数 getchar()的使用。
- 能够进行简单的顺序结构程序设计。

本章任务：

一个程序的执行通常离不开数据的输入和输出。本章要完成的任务是，输入商品的代号、单价、折扣率和数量，然后计算并以指定格式输出商品的实际售价。

任务可以分解为两部分:

- 画出程序的流程图。
- 编写程序，实现数据按指定格式输入和输出。

3.1　算　　法

3.1.1　算法的概念

1. 算法

算法(Algorithm)一词源于算术(Algorism)。粗略地说，算术方法是一个由已知推求未知的运算过程。后来人们引申开来，把进行某一工作的方法和步骤称为算法。因此，算法反映了计算机的执行过程，是对解决特定问题的操作步骤的一种描述。

2. 简单算法举例

【例 3.1】 求 1×2×3×4×5(即 5!)。

最原始的方法如下。

步骤 S1：先求 1×2，得到的结果为 2。

步骤 S2：将步骤 1 得到的乘积 2 乘以 3，得到的结果为 6。

步骤 S3：将 6 再乘以 4，得 24。

步骤 S4：将 24 再乘以 5，得 120。

这样的算法虽然正确，但太烦琐。

改进的算法如下。

S1：使 t=1，i=1。

S2：使 t×i，乘积仍然放在变量 t 中，可表示为 t×i→t。

S3：使 i 的值加 1，即 i+1→i。

S4：如果 i≤5，则返回到步骤 S2 再次往下执行；否则结束。

如果要计算 100!，则只需将 S4 中的 i≤5 改成 i≤100。又如，求 1×3×5×7×9×11 的值，算法也只需按如下方式做很少的改动。

S1：1→t，1→i。

S2：t×i→t。

S3：i+2→i。

S4：若 i≤11，返回 S2，否则结束。

该算法不仅正确，而且对于计算机来说，是较好的算法，因为计算机是高速运算的自动机器，实现循环运算轻而易举。

【例 3.2】输入 3 个数，求其最大值。

问题分析：设 num1、num2、num3 存放 3 个数，max 存放其最大值。为求最大值，就必须对 3 个数进行比较，可按如下步骤去做。

(1) 输入 3 个数 num1、num2 和 num3。

(2) 先把第 1 个数 num1 的值赋给 max。

(3) 将第 2 个数 num2 与 max 比较，如果 num2>max，则把第 2 个数 num2 的值赋给 max(否则不做任何工作)。

(4) 将第 3 个数 num3 与 max 比较，如果 num3>max，则把第 3 个数 num3 的值赋给 max(否则不做任何工作)。

(5) 输出 max 的值，即最大值。

从该例中可以看出，首先分析题目，然后寻找一种实现这个问题所要完成功能的方法，这种方法的具体化就称为算法。因此可以说，算法是由一套明确的规则组成的一些步骤，它指定了操作顺序，并通过有限个步骤来解决问题、得出结果。

3. 算法的特性

1) 有穷性

一个算法必须总是在执行有限个操作步骤和在可以接受的时间内完成其执行过程。也就是说，对于一个算法，要求其在时间和空间上均是有穷的。例如，一个采集气象数据并加以计算进行天气预报的应用程序，如果不能及时得到结果，超出了可以接受的时间，就起不到天气预报的作用。

2) 确定性

算法中的每一步都必须有明确的含义，不允许存在二义性。例如在“将成绩优秀的学生的名单打印输出”这一描述中，“成绩优秀”就很不明确，是每门功课均为 95 分以上，还是指总成绩在多少分以上？

3) 有效性

算法中描述的每一步操作都应能有效地执行，并最终得到确定的结果。例如：当 Y=0 时，X/Y 是不能有效执行的。

4) 有零个或多个输入

一个算法有零个或多个输入数据。例如：计算 1~10 的累计和的算法，则无须输入数据，而对 10 个数据进行排序的算法，却需要从键盘上输入这 10 个数据。

5) 有一个或多个输出

一个算法应该有一个或多个输出数据。执行算法的目的是求解，而“解”就是输出，因此没有输出的算法是毫无意义的。

3.1.2 算法的表示

算法的表示方法很多，常用的有自然语言、传统流程图、N-S 结构图、伪代码等。

1. 用自然语言表示

自然语言就是人们日常使用的语言，可以是中文、英文等。用自然语言表示算法通俗易懂，但一般篇幅冗长，表达上往往不易准确，容易引起理解上的“歧义性”。所以，自然语言一般用于算法较简单的情况。

2. 用传统流程图表示

用传统流程图表示即使用一些图框表示各种操作，使用箭头表示算法流程。使用图形表示算法直观形象、易于理解。

美国标准化协会(ANSI)规定了一些常用的流程图符号，如图 3.1 所示。这些流程图符号已为世界各国程序工作者普遍采用。

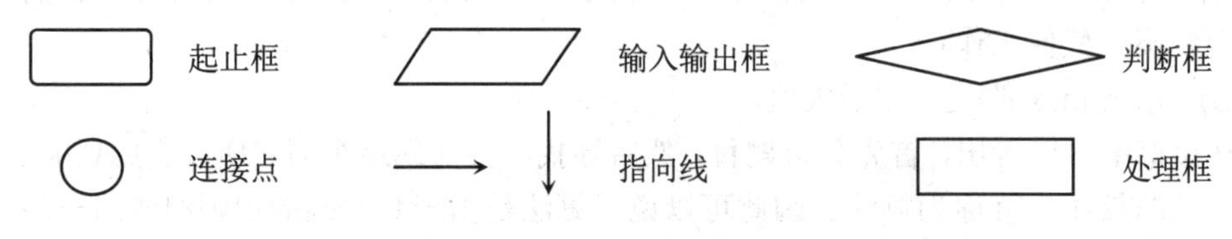

图 3.1 流程图符号

- 起止框：表示算法的开始和结束。一般内部只写“开始”或“结束”。
- 处理框：表示算法的某个处理步骤，一般内部常常填写赋值操作。
- 输入输出框：表示算法请求输入输出需要的数据或算法将某些结果输出。一般内部常常填写“输入……”“打印/显示……”。
- 判断框：作用主要是对一个给定条件进行判断，根据给定的条件是否成立来决定如何执行其后的操作。它有一个入口，两个出口。

- 连接点：用于将画在不同地方的流程线连接起来。同一个编号的点是相互连接在一起的，实际上同一编号的点是同一个点，只是画不下才分开画。使用连接点，还可以避免流程线的交叉或过长，使流程图更加清晰。

用流程图表示的算法直观形象，比较清楚地显示出各个框之间的逻辑关系，因此得到广泛使用。

每一个程序编制人员都应当熟练掌握流程图，会看会画(软件专业水平考试、软件专业资格考试也采用这种流程图表示)。

下面给出 3 种基本结构及与其对应的流程图。

- 顺序结构：其对应的流程图见图 3.2。
- 分支结构：其对应的流程图见图 3.3 和图 3.4。
- 循环结构：其对应的流程图见图 3.5 和图 3.6。

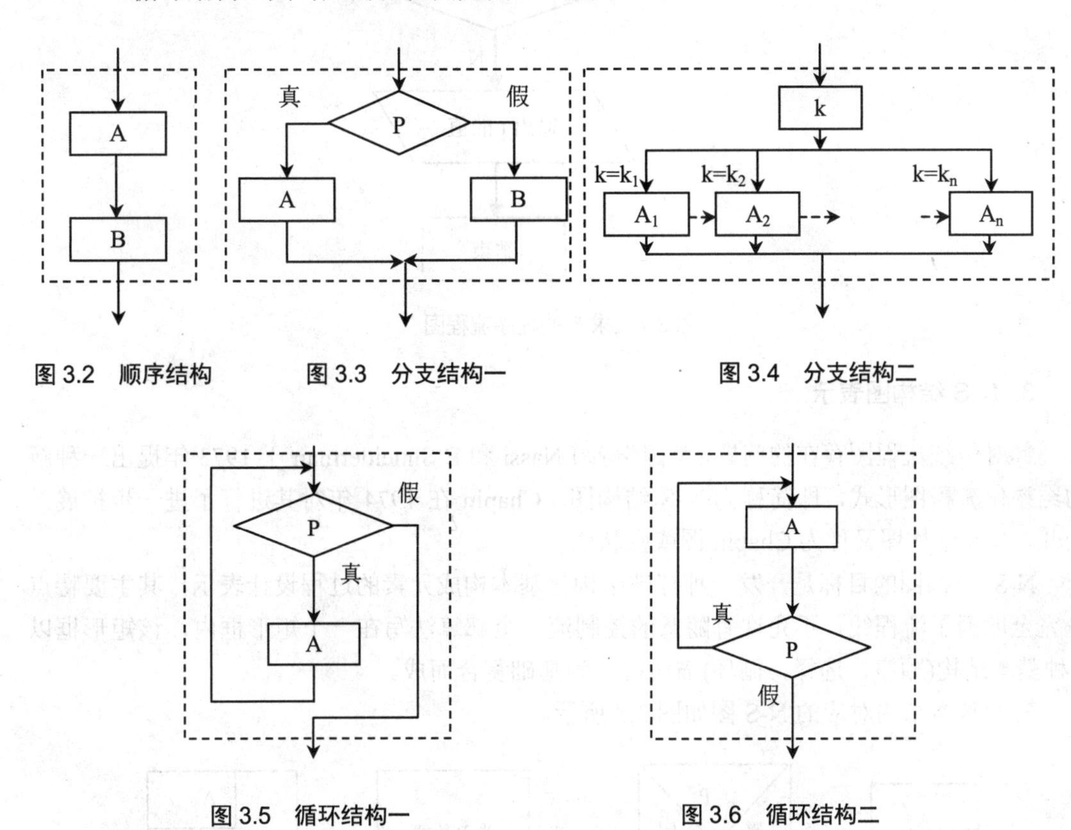

图 3.2　顺序结构　　图 3.3　分支结构一　　图 3.4　分支结构二

图 3.5　循环结构一　　图 3.6　循环结构二

【例 3.3】用流程图描述例 3.1 中求 5!的算法(见图 3.7)。

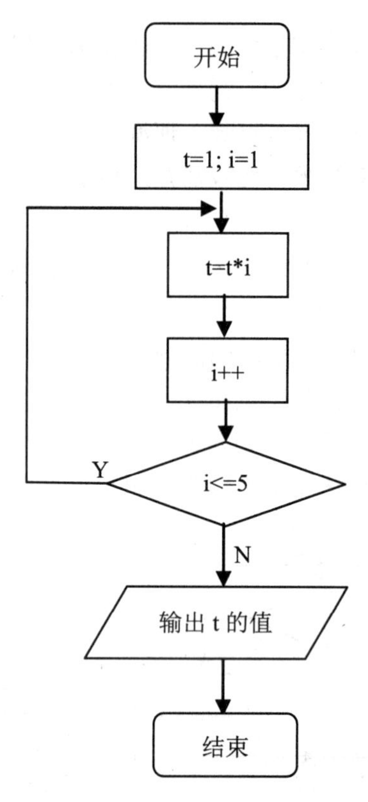

图 3.7　求 5!的程序流程图

3. N-S 结构图表示

针对传统流程图存在的问题，美国学者 I.Nassi 和 B.Shneiderman 于 1973 年提出一种新的结构化流程图形式，即简称为 N-S 结构图。Chapin 在 1974 年对其进行了进一步扩展，因此，N-S 结构图又称为 Chapin 图或盒状图。

N-S 结构图的目标是开发一种打破结构化基本构成元素的过程设计表示，其主要特点是完全取消了流程线，不允许有随意的控制流，全部算法写在一个矩形框内，该矩形框以 3 种基本结构(顺序、选择、循环)描述符号为基础复合而成。

三种基本结构对应的 N-S 图如图 3.8 所示。

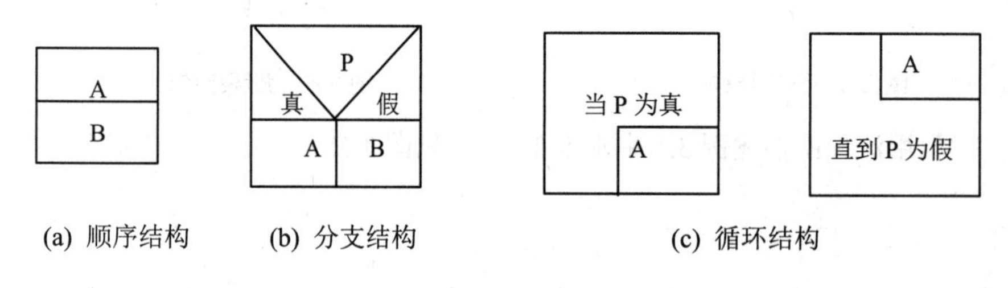

图 3.8　三种基本结构对应的 N-S 图

理论已经证明，任何复杂的算法均可以用顺序、选择、循环这 3 种基本结构通过组合及嵌套进行描述。由于 N-S 结构图无箭头指向，而局限在一个个嵌套的框中，最后描述的结果必须是结构化的，因此，N-S 结构图描述表示的算法，适用于结构化程序设计。

4. 用伪代码表示

用传统流程图、N-S 图表示算法，直观易懂，但绘制比较麻烦，在设计一个算法时，可能要反复修改，而修改流程图是比较麻烦的，因此，流程图适合表示算法，但在设计算法过程中使用不是很理想。为了设计算法方便，常使用伪代码工具。

伪代码是用介于自然语言和计算机语言之间的文字和符号来描述算法。伪代码不用图形符号，书写方便，格式紧凑，便于向计算机语言算法过渡。

【例 3.4】用伪代码描述例 3.2，获得求 3 个数中最大值的算法。伪代码如下：

```
input num1, num2, num3
num1→max
if num2>max then num2→max
if num3>max then num3→max
print max
```

3.1.3 结构化程序设计方法

结构化程序由以下 3 种基本结构组成：

- 顺序结构。顺序结构是最简单的基本结构。在顺序结构中，要求顺序地执行且必须执行按先后顺序排列的每一个最基本的处理单位。
- 选择结构。在选择结构中，根据逻辑条件的成立与否，分别选择执行不同的处理。
- 循环结构。循环结构一般分为当型循环和直到型循环。
    - ◆ 当型循环：在当型循结构中，当逻辑条件成立时，就反复执行处理 A(称为循环体)，直到逻辑条件不成立时结束(见图 3.5)。
    - ◆ 直到型循环：在直到型循环结构中，反复执行处理 A，直到逻辑条件成立结束(即逻辑条件不成立时继续执行)(见图 3.6)。

 在学习了上述相关知识之后，我们通过下例来完成本章开篇提出的任务之一。

【例 3.5】画出程序的流程图。程序功能为：根据商品的代号、单价、折扣率和数量，计算并输出商品的实际售价。

程序流程如图 3.9 所示。

编写程序代码如下：

```
#include <stdio.h>
main()
{
    float price, discount, fee;
    printf("Input Price,Discount:");
    scanf("%f%f", &price, &discount);
    fee = price * (1 - discount / 100);
    printf("Fee=%.2f\n", fee);
}
```

运行结果：

```
Input Price,Discount:
100 10
Fee=90.00
```

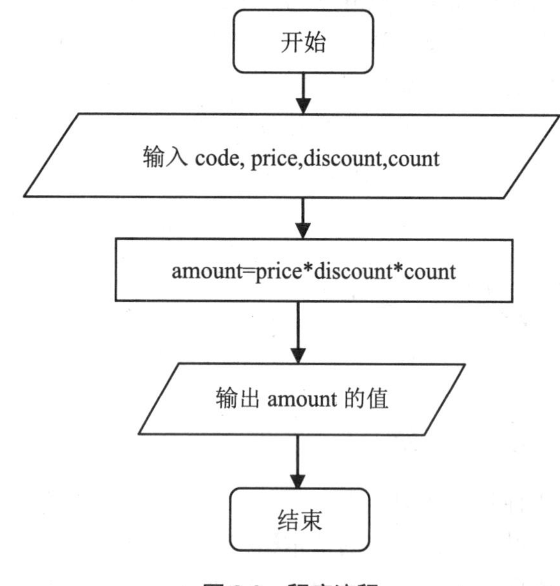

图 3.9　程序流程

3.2　C 语言中的语句

C 语言中的语句主要包括控制语句、表达式语句、赋值语句、函数调用语句、复合语句、空语句等，其中存在包含关系。下面将分类予以介绍。

3.2.1　控制语句

控制语句用于控制程序的流程，以实现程序中的各种结构。它们由特定的语句定义符组成。

如表 3.1 所示，C 语言有 9 种控制语句，可分成以下 3 类。

- 条件语句：
  if、switch
- 循环语句：
  do-while、while、for
- 转向语句：
  break、goto、continue、return

表 3.1　C 语言的控制语句

语　句	语句类型或用途
if-else	条件语句
for	循环语句
while	循环语句
do-while	循环语句
continue	结束本次循环语句
break	中止执行 switch 或循环语句
switch	多分支选择语句
goto	转向语句
return	从函数返回语句

3.2.2　表达式语句

表达式语句：表达式语句由表达式加上分号“;”组成。其一般形式为：

```
表达式;
```

执行表达式语句就是计算表达式的值。表达式语句可分为赋值语句、函数调用语句、空语句 3 种基本类型。

1. 赋值语句

赋值语句是由赋值表达式再加上分号构成的表达式语句。

其一般形式为：

```
变量 = 表达式;
```

例如：

```
y = (a + b) / 2;
```

2. 函数调用语句

函数调用语句的一般形式为：

```
函数名(实际参数表);
```

例如：

```
printf("This is a C statement.");
```

在后面的第 7 章中将对函数及函数调用做详细的介绍。

3. 空语句

只有分号“;”组成的语句称为空语句。空语句不执行任何操作，但有时在编程中非常有用，例如，下面的 while 循环语句使用了空语句来作循环体：

```
while(getchar() != '\n') ;
```

该循环语句的功能是，反复接收键盘输入的字符直到按 Enter 键为止。

3.2.3　特殊语句

C 语言中还包括一些其他语句，如复合语句等。

把多个语句用花括号({})括起来组成的语句称复合语句。在程序中可以把复合语句看成是一条语句，而不是多条语句。

例如：

```
{
   x = y + z;
   a = b + c;
   printf("%d  %d", x, a);
}
```

3.3　数据输出

在 C 语言中，所有的输入输出都是通过调用标准库函数中的输入输出函数来实现的。本节介绍向标准输出设备输出数据的 printf()函数。

printf()函数称为格式输出函数，其功能是按用户指定的格式，把指定的数据输出到标准输出设备上。

3.3.1　输入/输出的概念

从计算机向外部设备(如显示器、打印机、磁盘等)输出数据称为“输出”， 从外部设备(如键盘、鼠标、扫描仪、光盘、磁盘)向计算机输入数据称为“输入”。输入/输出是以计算机主机为主体而言的。

在 C 语言标准函数库中提供了一些输入/输出函数，如 printf()函数、scanf()函数。

C 语言编译系统与 C 语言函数库是分别设计的，因此不同的计算机系统所提供函数的数量、名字、功能不完全相同。但是，有些通用的函数各种计算机系统都提供，成为各种计算机系统的标准函数。

C 语言函数库中有一批“标准输入/输出函数”，它们是以标准的输入/输出设备(一般为终端)为输入/输出对象的。其中常用的输入输出函数如下。

- 字符输出函数：putchar()
- 字符输入函数：getchar()
- 格式输出函数：printf()
- 格式输入函数：scanf()
- 字符串输出函数：puts()
- 字符串输入函数：gets()

在使用 C 语言的库函数时，要用预编译命令“#include”将有关的“头文件”包含到用户源文件中。头文件包含库中的函数声明、定义的常量等。每个库一般都有相应的头文件。

include 命令的使用格式如下：

```
#include <文件名>
```

或者：

```
#include "文件名"
```

比如 printf()等函数属于标准输入/输出库，对应的头文件是 stdio.h。也就是说如果要使用 printf 等函数，应当在程序的开头加上“#include <stdio.h>”。又如 fabs()函数属于数学库，对应的头文件是 math.h，如果要使用 fabs()函数计算绝对值，那么应当在程序的开头加上“#include <math.h>”。

注意：函数声明用于检查函数调用，进行数据类型转换，并产生正确的调用格式。许多编译系统强制要求函数声明(函数原型声明)，否则会编译不成功。

3.3.2　格式输出函数 printf()

printf()函数称为格式输出函数，其功能是按用户指定的格式，把指定的数据输出到显示器屏幕上。在前面的例题中我们已多次使用过这个函数。

1. printf()函数调用的一般形式

printf()函数是一个标准库函数，它的函数原型在头文件 stdio.h 中。

printf()函数调用的一般形式为：

```
printf("格式控制字符串", 输出列表);
```

其中“格式控制字符串”用于指定输出格式。格式控制串可由格式字符串和非格式字符串两种组成。格式字符串是以%开头的字符串，在%后面跟有各种格式字符，以说明输出数据的类型、形式、长度、小数位数等。例如：

- %d——表示按十进制整型输出。
- %ld——表示按十进制长整型输出。
- %c——表示按字符型输出。

非格式字符串在输出时原样照印，在显示中起提示作用。

在“输出列表”中给出了各个输出项，要求格式字符串与各输出项在数量和类型上一一对应。

【例 3.6】printf()函数示例一。程序代码如下：

```
#include <stdio.h>
main()
{
   int n1 = 65, n2 = 66;
   printf("%d %d\n", n1, n2);
   printf("%d,%d\n", n1, n2);
   printf("n1=%d,n2=%d\n", n1, n2);
   printf("n1=%c,n2=%c", n1, n2);
}
```

运行结果：

```
65 66
65,66
n1=65,n2=66
n1=A,n2=B
```

程序说明：

本例中共 4 次输出了 n1、n2 的值，但由于格式控制串不同，输出的结果也不相同。

程序第 5 行的输出语句格式控制串中，两格式串%d 之间加了一个空格(非格式字符)，所以输出的 n1、n2 值之间有一个空格。程序第 6 行 printf()函数的格式控制串中加入的是非格式字符逗号，因此输出的 n1、n2 值之间加了一个逗号。程序第 7 行为了提示输出结果又增加了非格式字符串“n1=”和“n2=”。第 8 行则是以“%c”的格式，即字符格式输入 n1 和 n2 的值。

2. 格式字符串

格式字符串的一般形式为：

```
%[标志][输出最小宽度][.精度][长度] 类型
```

其中方括号([ ])中的项为可选项。

各项的意义介绍如下。

- 类型：类型字符用来表示输出数据的类型，其格式符和意义如表 3.2 所示。
- 标志：标志字符为-、+、#、空格，共 4 种，其意义如表 3.3 所示。
- 输出最小宽度：用十进制整数来表示输出的最少位数。若实际位数多于定义的宽度，按实际位数输出，若实际位数少于定义的宽度，则补以空格或 0。
- 精度：精度格式符以“.”开头，后跟十进制整数。本项的意义是：如果输出的是数字，表示小数的位数；如果输出的是字符，则表示输出字符的个数；若实际位数大于所定义的精度数，则截去超过的部分。
- 长度：长度格式符为 h、l 两种，h 表示按短整型量输出，l 表示按长整型量输出。

表 3.2　格式字符及其含义

格式字符	意　义
d	以十进制形式输出带符号整数(正数不输出符号)
o	以八进制形式输出无符号整数(不输出前缀 0)
x、X	以十六进制形式输出无符号整数(不输出前缀 0x)
u	以十进制形式输出无符号整数
f	以小数形式输出单、双精度实数
e、E	以指数形式输出单、双精度实数
g、G	以%f 或%e 中较短的输出宽度输出单、双精度实数
c	输出单个字符
s	输出字符串

表 3.3 标志符及其含义

标 志 符	意 义	标 志 符	意 义
-	结果左对齐，右边填空格	#	以 0 类型输出八进制形式整数时，加前缀 0；以 x 类型输出十六进制形式整数时，加前缀 0x
+	输出符号(正号或负号)	空格	输出值为正时，冠以空格，为负时冠以负号

【例 3.7】printf()函数示例二。程序代码如下：

```
#include <stdio.h>
main()
{
    int a = 15;
    float b = 123.1234567;
    double c = 12345678.1234567;
    char d = 'p';
    printf("a=%d,%5d,%o,%x\n", a, a, a, a);
    printf("b=%f,%lf,%5.4lf,%e\n", b, b, b, b);
    printf("c=%lf,%f,%8.4lf\n", c, c, c);
    printf("d=%c,%8c\n", d, d);
}
```

运行结果：

```
a=15,   15,17,f
b=123.123459,123459,123.1235,1.231235e+002
c=12345678.123457,12345678.123457,12345678.1235
d=p,       p
```

程序说明：

本例第 8 行中以 4 种格式输出整型变量 a 的值，其中“%5d”要求输出宽度为 5，而 a 值为 15，只有两位，故补 3 个空格。第 9 行中以 4 种格式输出实型量 b 的值。其中“%f”和“%lf”格式的输出相同，说明“l”符对“f”类型无影响。“%5.4lf”指定输出宽度为 5，精度为 4，由于实际长度超过 5，故应该按实际位数输出，小数位数超过 4 位部分被截去。第 10 行输出双精度实数，“%8.4lf”由于指定精度为 4 位，故截去了超过 4 位的部分。第 11 行输出字符量 d，其中“%8c”指定输出宽度为 8，故在输出字符 p 之前补加 7 个空格。

使用 printf()函数时还要注意一个问题，那就是输出列表中的求值顺序。VC 是按从右到左进行的。请看下面两个例子。

【例 3.8】printf()函数示例三。程序代码如下：

```
#include <stdio.h>
main()
{
   int i = 8;
   printf("%d\n%d\n%d\n", ++i, --i, --i);
}
```

运行结果：

```
7
6
7
```

【例 3.9】printf()函数示例四。程序代码如下：

```
#include <stdio.h>
main()
{
   int i = 8;
   printf("%d\n", ++i);
   printf("%d\n", --i);
   printf("%d\n",--i);
}
```

运行结果：

```
9
8
7
```

程序说明：

上面这两个程序的区别是用一个 printf 语句和多个 printf 语句输出。但从运行结果可以看出是不同的。为什么结果会不同呢？就是因为 printf()函数对输出列表中各个表达式的求值顺序是自右至左进行的。在例 3.8 程序第 5 行，先对最后一项“--i”求值，结果为 7。 再对倒数第二项“--i”求值得 6。最后对第一项“++i”求值得 7。

但是必须注意，printf()函数输出列表中各表达式的求值顺序虽是自右至左，但是输出顺序还是从左至右，因此得到的是上述输出结果。

3.3.3 字符输出函数 putchar()

putchar()函数的功能是将一个字符输出到显示器上显示。putchar()函数也是一个标准的输入输出库函数，它的原型在“stdio.h”头文件中被定义，因此，使用时用户应该在程序的开始处加以下编译预处理命令：

```
#include <stdio.h>
```

putchar()函数的一般调用形式为：

```
putchar(c);
```

即把变量 c 的值输出到显示器上，这里的 c 可以是字符型或整型变量，也可以是一个转义字符。

【例 3.10】putchar()函数应用举例。程序代码如下：

```
#include <stdio.h>
main()
{
    char a, b, c;
    a = 'B';
```

```
    b = 'O';
    c = 89;
    putchar(a);
    putchar(b);
    putchar(c);
    putchar('\n');
}
```

运行结果：

```
BOY
```

程序说明：

- putchar()函数只能用于单个字符的输出，并且一次只能输出一个字符。
- putchar()函数在使用时，必须在程序的开头加上编译预处理命令：

  #include <stdio.h>

如果希望在输出的各个字符之间输出一个回车换行，则上面的程序可改写为：

```
#include <stdio.h"
main()
{
    char a, b, c;
    a = 'B';
    b = 'O';
    c = 89;
    putchar(a); putchar('\n');
    putchar(b); putchar('\n');
    putchar(c); putchar('\n');
}
```

运行结果：

```
B
O
Y
```

3.4 数 据 输 入

3.4.1 格式输入函数 scanf()

scanf()函数称为格式输入函数，即按用户指定的格式从键盘上把数据输入到指定的变量之中。

1. scanf()函数的一般形式

scanf()函数是一个标准库函数，它的函数原型在头文件 stdio.h 中。

scanf()函数的一般形式为：

```
scanf("格式控制字符串", 地址列表);
```

其中，“格式控制字符串”包括格式字符、空白字符、非空白字符三种。“地址列表”中给出各变量的地址，地址由取地址运算符“&”后跟变量名组成，如，&a, &b 分别表示变量 a 和变量 b 的地址。变量的地址是 C 编译系统分配的，用户不必关心具体的地址是多少。

【例 3.11】scanf()函数示例一。程序代码如下：

```
#include <stdio.h>
main()
{
    int a, b, c;
    printf("input a,b,c:\n");
    scanf("%d%d%d", &a, &b, &c);
    printf("a=%d,b=%d,c=%d", a, b, c);
}
```

运行结果：

```
input a,b,c:
7 8 9
a=7,b=8,c=9
```

程序说明：

在本例中，由于 scanf()函数本身不能显示提示串，故先用 printf 语句在屏幕上输出提示信息，请用户输入 a、b、c 的值。执行 scanf 语句时，用户依次输入 7、8、9 后按下 Enter 键，各数字之间以一个或多个空格间隔，也可以用 Enter 键作为输入数据之间的间隔。例如：

```
7  8  9
```

或者：

```
7
8  9
```

2. 格式控制字符串

scanf()函数格式控制字符串中格式说明的一般形式为：

%	*	m	h/l	格式字符
↓	↓	↓	↓	↓
[开始符]	[赋值抑制符]	[宽度指示符]	[长度修正符]	[格式转换字符]

(1) 格式字符：表示输入数据的类型，其字符和含义如表 3.4 所示。

(2) 赋值抑制符“*”：表示该输入项读入后不赋予相应的变量，即跳过该输入值。

例如：scanf("%d%*d%d", &x, &y);

输入 10　12　15 后，把 10 赋予变量 x，12 被跳过，15 赋予变量 y。

(3) 宽度指示符：用十进制整数指定输入数据的宽度。

例如：scanf("%5d", &x);

输入数据“661020”，把前 5 位数 66102 赋予变量 x，其余部分被截去。

又如：scanf("%4d%4d", &x, &y);

输入数据“661020”，把前 4 位数 6610 赋予变量 x，而把后剩下两位 20 赋予变量 y。

表 3.4 scanf 函数的格式字符

格式字符	说 明
d	以十进制形式输入带符号整数(正数不输入符号)
u	以十进制形式输入无符号整数
o	以八进制形式输入无符号整数
x	以十六进制形式输入无符号整数
c	输入单个字符
s	输入字符串
f	以小数形式输入单、双精度实数
e	以指数或小数形式输入单、双精度实数

(4) 长度修正符：长度修正符分为 l 和 h 两种，l 用于输入长整型数据等；h 用于输入短整型数据。

使用 scanf()函数还必须注意以下几点：

- scanf()函数中没有精度控制，如 scanf(“%5.2f”, &a);是非法的。不能企图用此语句输入小数为 2 位的实数。
- scanf 中要求给出变量地址，如给出变量名则会出错。如 scanf(“%d”, a);是非法的，应改为 scanf(“%d”, &a);。
- 在输入多个数值数据时，若格式控制串中没有非格式字符作为输入数据之间的间隔，则可用空格、制表符或回车符作间隔。C 编译在遇到空格、制表符、回车符或非法数据(如对“%d”输入“12A”时，A 即为非法数据)时即认为该数据结束。
- 在输入字符数据时，若格式控制串中无非格式字符，则认为所有输入的字符均为有效字符。

  例如：scanf(“%c%c%c”, &a, &b, &c);

  输入为：

  ```
  d e f
  ```

  则把‘d’赋予 a，‘ ’赋予 b，‘e’赋予 c。只有当输入为 def 时，才能把‘d’赋予 a、‘e’赋予 b、‘f’赋予 c。

  如果在格式控制中加入空格作为间隔，如：

  ```
  scanf("%c %c %c", &a, &b, &c);
  ```

  则输入时各数据之间可加空格。

【例 3.12】scanf()函数示例二。程序代码如下：

```
#include <stdio.h>
main()
{
    char a, b;
    printf("input character a,b:\n");
    scanf("%c%c", &a, &b);
```

```
    printf("%c%c\n", a, b);
}
```

运行结果：

```
input character a,b:
M N
M
```

另一次结果：

```
input character a,b:
MN
MN
```

程序说明：

- 由于 scanf()函数“%c%c”中没有空格，所以输入“M　N”时，变量 a 的值为字符 M，变量 b 的值为空格，因此最后输出的显示结果只有 M。而输入改为“MN”时，则可输出 MN 两字符。
- 如果希望输入的数据之间可以有空格间隔，则上面的程序可以改写如下：

```
#include <stdio.h>
main()
{
    char a, b;
    printf("input character a,b\n");
    scanf("%c %c", &a, &b);
    printf("\n%c%c\n", a, b);
}
```

如果格式控制串中有非格式字符，则输入时也要输入该非格式字符。
例如：

```
scanf("%d,%d,%d", &a, &b, &c);
```

其中用非格式符“,”作间隔符，故输入时应为：

```
5,6,7
```

又如：

```
scanf("a=%d,b=%d,c=%d", &a, &b, &c);
```

则输入应为：

```
a=5,b=6,c=7
```

另外，需要注意的是，当输入的数据与输出的类型不一致时，虽然编译能够通过，但结果将不正确。

【例 3.13】scanf()函数示例三。程序代码如下：

```
#include <stdio.h>
main()
{
    int a;
```

```
    printf("input a number:\n");
    scanf("%d", &a);
    printf("%ld", a);
}
```

运行结果：

```
input a number:
123
8061051
```

程序说明：

由于输入数据类型为整型，而输出语句的格式串中说明为长整型，因此输出结果与输入数据不符。可更改程序如下：

```
#include <stdio.h>
main()
{
    long a;
    printf("input a number:\n");
    scanf("%ld", &a);
    printf("%ld", a);
}
```

运行结果：

```
input a number:
123
123
```

3.4.2 字符输入函数 getchar()

getchar()函数的功能是从键盘输入一个字符。该函数没有参数。getchar()函数也是一个标准的输入输出库函数，其原型在“stdio.h”头文件中被定义。因此，使用时用户应该在程序的开始处添加如下的编译预处理命令：

```
#include <stdio.h>
```

getchar()函数的一般用法为：

```
c = getchar();
```

执行调用时，变量 c 将得到用户从键盘输入的一个字符值，这里的 c 可以是字符型或整型变量。注意，getchar()函数只能接受单个字符，输入数字也按字符处理。输入多于一个字符时，只接收第一个字符。

【例 3.14】输入一个字符，输出该字符的 ASCII 码。程序代码如下：

```
#include <stdio.h>
main()
{
    char c;
    c = getchar();          /* 接收用户从键盘上输入的一个字符到变量 c 中 */
    printf("%d", c);        /* 按整型输出变量 c 的值 */
}
```

运行结果：

```
a
97
```

程序说明：

- getchar()函数只能用于单个字符的输入，且一次只能输入一个字符。
- getchar()函数在使用时，必须在程序的开头加上#include “stdio.h”或#include <stdio.h>。

【例 3.15】从键盘输入一个大写字母，要求改用小写字母输出。程序代码如下：

```
#include <stdio.h>
main()
{
    char c1, c2;
    c1 = getchar();                 /* 输入大写字母 */
    c2 = c1 + 32;                   /* 转变为小写 */
    printf("%c \n", c2);            /* 输出 */
}
```

运行结果：

```
B
b
```

程序说明：

- 程序最后三行可用下面两行中的任意一行代替：

```
putchar(getchar()+32);
printf("%c", getchar()+32);
```

3.5　顺序结构程序设计举例

在学习了上述相关知识之后，我们通过下例来完成本章开篇提出的任务之二。

【例 3.16】输入商品的代号、单价、折扣率和数量，然后计算并输出商品的实际售价。要求数据的输入和输出按图 3.10 所示进行。

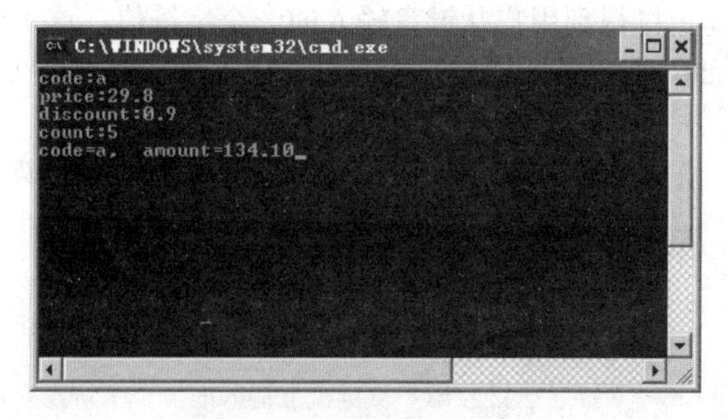

图 3.10　数据的输入输出格式

程序代码如下：

```
#include <stdio.h>
main()
{
    char code;
    float price, discount, amount;
    int count;
    printf("code:");
    code = getchar();
    printf("price:");
    scanf("%f", &price);
    printf("discount:");
    scanf("%f", &discount);
    printf("count:");
    scanf("%d", &count);
    amount = price * discount * count;
    printf("code=%c,  amount=%.2f", code, amount);
}
```

运行结果：

```
code:a
price:29.8
discount:0.9
count:5
code=a,  amount=134.10
```

3.6 上机实训：顺序结构程序设计

3.6.1 实训目的

(1) 熟练掌握标准输入/输出函数对常见数据类型数据的输入/输出方法。
(2) 能正确使用各种格式转换符。
(3) 熟练掌握顺序结构的程序设计。
(4) 初步培养编制程序框图、编制源程序以及实际调试程序的独立编程能力。

3.6.2 实训内容

1. 编写程序(1)

编写程序，输出如下图形：

```
**
****
******
********
```

2. 编写程序(2)

编写程序，输入变量 x 值，输出变量 y 的值，并分析输出结果。

(1) y = 2.4 * x - 1 / 2

(2) y = x % 2 / 5 - x

(3) y = x > 10 && x < 100

(4) y = (x -= x * 10, x /= 10)

3. 运行与分析

运行下列程序，分析运行结果。

(1) 程序代码如下：

```
#include <stdio.h>
main()
{
    int a = 10;
    long int b = 10;
    float x = 10.0;
    double y = 10.0;
    printf("a = %d, b = %ld, x = %f, y = %lf\n", a, b, x, y);
    printf("a = %ld, b = %d, x = %lf, y = %f\n", a, b, x, y);
    printf("x = %f, x = %e, x = %g\n", x, x, x);
}
```

(2) 程序代码如下：

```
#include <stdio.h>
main()
{
    int a = 65, b = 67, c = 67;
    float x = 67.8564, y = -789.124;
    char C = 'A';
    long n = 1234567;
    unsigned u = 65535;
    putchar(C);
    putchar('\t');
    putchar(C+32);
    putchar(a);
    putchar('\n');
    printf("%d%d\n", a, b);
    printf("%c%c\n", a, b);
    printf("%3d%3d\n", a, b);
    printf("%f,%f\n", x, y);
    printf("%-10f,%-10f\n", x, y);
    printf("%8.2f,%8.2f,%.4f,%.4f,%3f,%3f\n", x, y, x, y, x, y);
    printf("%e,%10.2e\n", x, y);
    printf("%c,%d,%o,%x\n", c, c, c, c);
    printf("%ld,%lo,%lx\n", n, n, n);
    printf("%u,%o,%x,%d\n", u, u, u, u);
```

```
    printf("%s,%5.3s\n", "COMPUTER", "COMPUTER");
}
```

3.7 习　　题

1. 填空题

(1) 结构化程序设计的 3 种基本结构是________、________、________。

(2) 以下程序的输出结果是________。

```
#include <stdio.h>
main()
{
    int a = 177;
    printf("%d\n", a);
}
```

(3) 以下程序的输出结果是________。

```
#include <stdio.h>
main()
{
    int a = 0;
    a += (a = 8);
    printf("%d\n", a);
}
```

(4) 以下程序的输出结果是________。

```
#include <stdio.h>
main()
{
    int a = 5, b = 4, c = 3, d;
    d = (a>b>c);
    printf("%d\n", d);
}
```

(5) 以下程序的输出结果是________。

```
#include <stdio.h>
main()
{
    int a = 1, b = 2;
    a = a + b;
    b = a - b;
    a = a - b;
    printf("%d,%d\n", a, b);
}
```

(6) 如下程序的输出结果是 16.00，请填空。

```
#include <stdio.h>
main()
{
    int a = 9, b = 2;
    float x = ________, y = 1.1, z;
    z = a/2 + b*x/y + 1/2;
    printf("%5.2f\n", z);
}
```

2. 选择题

(1) 定义变量如下：int x; float y;，则以下输入语句_______是正确的。

A. scanf("%f%f", &x, &y);　　B. scanf("%f%d", &x, &y);

C. scanf("%f%d", &y, &x);　　D. scanf("%5.2f%2d", &x, &y);

(2) putchar()函数可以向终端输出一个_______。

A. 字符或字符变量的值　　B. 字符串

C. 实型变量　　D. 整型变量的值

(3) 下列叙述正确的是_______。

A. 赋值语句中的"="是表示左边变量等于右边表达式

B. 赋值语句中左边的变量值不一定等于右边表达式的值

C. 赋值语句是由赋值表达式加上分号构成的

D. x+=y;不是赋值语句

(4) 设有如下程序：

```
#include <stdio.h>
main()
{
    char ch1 = 'A', ch2 = 'a';
    printf("%c\n", (ch1, ch2));
}
```

则以下叙述正确的是_______。

A. 程序的输出结果为大写字母 A

B. 程序的输出结果为小写字母 a

C. 运行时产生错误信息

D. 格式声明符的个数少于输出项的个数，编译出错

(5) 以下能正确定义整型变量 a、b 和 c 并赋初值 5 的语句是_______。

A. int a=b=c=5;　　B. int a, b, c=5;

C. a=5, b=5, c=5;　　D. a=b=c=5;

3. 分析题

分析下列程序的运行结果。

(1) 程序代码如下:

```
#include <stdio.h>
main()
{
   int x = 12;
   printf("%d,%o,%x,%u,", x, x, x, x);
}
```

(2) 程序代码如下:

```
#include <stdio.h>
main()
{
   int x = 235;
   double y = 3.1415926;
   printf("x=%-6d,y=%-14.5f\n", x, y);
}
```

(3) 程序代码如下:

```
#include <stdio.h>
main()
{
   printf("%f,%4.2f\n", 3.14, 3.14159);
}
```

(4) 程序代码如下:

```
#include <stdio.h>
main()
{
   printf("*\n**\n***\n****\n");
}
```

(5) 程序代码如下:

```
#include <stdio.h>
main()
{
   printf("This\tis\ta\tC\tprogram.\n");
}
```

(6) 程序代码如下:

```
#include <stdio.h>
main()
{
   char x = 'a', y = 'b';
   printf("%c\\%c\n", x, y);
   printf("x=\'%3x\',\'%-3x\'\n", x, x);
}
```

4. 编程题

(1) 已知一名学生的三门课程考试成绩，计算其总成绩和平均成绩。试编写程序，并画出算法的 N-S 结构图。

(2) 从键盘上输入公里数，将其转换成米。试编写程序，并画出算法的 N-S 结构图。

(3) 编写程序，从键盘上输入两个整数，分别计算出它们的商和余数。输出时，商要求保留两位小数，并对第三位进行四舍五入。

(4) 编写程序，从键盘输入圆的半径 r，圆柱的高 h，分别计算出圆周长 cl、圆面积 cs 和圆柱的体积 cvz。输出计算结果时要求有文字说明，并取小数点后两位数字。

(5) 编写程序，读入一个字母，输出与之对应的 ASCII 码，输入输出要有相应的文字提示。

第 4 章　选择结构程序设计

选择结构是结构化程序设计的三种基本结构之一，它根据条件的不同而执行不同的操作。选择结构程序设计体现了程序的判断能力。本章主要介绍选择结构中常用到的运算符和表达式，以及 C 语言中实现选择结构的控制语句。

本章内容：

- 关系运算符、逻辑运算符及其表达式。
- if 语句的应用。
- switch 语句的应用。

学习目标：

- 理解选择结构的用途。
- 掌握关系运算符和关系表达式，以及逻辑运算符和逻辑表达式的用法。
- 熟练掌握 if 语句的各种用法，能够灵活运用 if 语句实现选择结构程序设计。
- 掌握 switch 语句的使用方法，能用 switch 语句完成多分支选择结构程序的编写。

本章任务：

本章要完成的任务是，利用选择结构程序设计的有关知识编程，将输入的百分制成绩转换成对应的等级成绩。

任务可以分解为三部分：

- 关系运算符、逻辑运算符及其表达式的应用。
- 选择结构的实现——if 语句。
- 多分支选择结构的实现——switch 语句。

4.1　关系运算符和关系表达式

4.1.1　关系运算符

关系运算是将两个数据进行比较，并判断其比较结果是否满足相关的条件。通常“关系运算”也称为“比较运算”，C 语言中的关系运算符和数学中比较大小的符号用法类似，如，在 C 语言中，表达式“2>3”不成立，表达式的值为“假”。

C 语言中的关系运算符有 6 种，如表 4.1 所示。

用关系运算符比较的数据类型有整型、字符型和实型，字符串则不能用关系运算符做比较；比较整型或实型数据时，按照数值的大小进行比较；比较字符型数据时，按照字符的 ASCII 码进行比较。

表 4.1　关系运算符

关系运算符	含　义
>	大于
>=	大于或等于
<	小于
<=	小于或等于
==	等于
!=	不等于

说明：

- 在表 4.1 中，前面 4 种关系运算符的优先级相同，后面两种关系运算符的优先级相同，并且前 4 种优先级高于后两种。
- 关系运算符的优先级低于算术运算符，而高于赋值运算符。

4.1.2　关系表达式

关系表达式是用关系运算符将两个比较的对象连接起来的式子。这里比较的对象可以是最简单的常数、变量，还可以也是一个表达式。如 2<13、a>=b、(2==5)<(a=3)都是合法的关系表达式。

表达式的结果是逻辑值“真”或“假”，C 语言中没有逻辑型数据，而用数值“1”和“0”分别代表“真”和“假”。

例如，关系表达式 2==3 的结果为“假”，即表达式的值为 0。又如，表达式 ‘a’<‘b’ 的结果为“真”，即表达式的值为 1。

【例 4.1】关系表达式运算结果的演示。编写程序代码如下：

```
#include <stdio.h>
main()
{
    printf("55>44:%d\n", 55>44);
    printf("z<A: %d\n", 'z'<'A');
    printf("11<=7: %d\n", 11<=7);
}
```

运行结果：

```
55>44:1
z<A: 0
11<=7: 0
```

4.2　逻辑运算符和逻辑表达式

4.2.1　逻辑运算符

C 语言提供了 3 种逻辑运算符：

- && 逻辑“与”
- || 逻辑“或”
- ! 逻辑“非”

表 4.2 是逻辑运算的“真值表”，它描述了 a、b 为不同取值时，各种逻辑运算得到的结果。

表 4.2 逻辑运算真值表

a	b	!a	!b	a&&b	a||b
0	0	1	1	0	0
0	1	1	0	0	1
1	0	0	1	0	1
1	1	0	0	1	1

说明：

- 这 3 种逻辑运算符的优先级由低到高为：||(或)→&&(与)→!(非)。
- 多种运算符同时出现时，优先级由低到高为赋值运算符→||(或)→&&(与)→关系运算符→算术运算符→!(非)。例如(12+3<30)&&(a==b)也可以写成 12+3<30&&a==b。
- “!”是“单目运算符”，即只要求有一个运算对象(操作数)，而“&&”和“||”是双目运算符，它们要求有两个运算对象。

4.2.2 逻辑表达式

用逻辑运算符将运算对象连接起来的有意义的式子(如 a&&b)称为逻辑表达式。逻辑表达式的结果是逻辑值。

说明：

- 逻辑表达式中的运算对象可以是 C 语言中任意合法的表达式。如 3+2<10&&5*2 是合法的逻辑表达式，在这个表达式中，“&&”左右分别是逻辑值和算术值，可见，逻辑运算符两侧的运算对象不一定都是 0 和 1，可能是非 0 整数，还可能是任何类型的数据，如实型、字符型等。这时，系统会以 0 和非 0 来判断“真”“假”。例如‘a’||‘b’的结果为 1，因为‘a’和‘b’的 ASCII 的值都不为 0，即均以“真”来处理。我们可以将表 4.2 改写为表 4.3。

表 4.3 逻辑运算真值表(改写后，将“1”替换为“非 0”)

a	b	!a	!b	a&&b	a||b
0	0	非 0	非 0	0	0
0	非 0	非 0	0	0	非 0
非 0	0	0	非 0	0	非 0
非 0	非 0	0	0	非 0	非 0

- 在逻辑表达式的求解中，并不是所有的逻辑运算符都被执行，只有在有必要执行下一个逻辑运算符才能求解出表达式的结果时，才执行该运算符。例如表达式 a&&b&&c，如果 a 为真，才需要判别 b 的值；如果 a 和 b 都为真，才需要判断 c 的值。又如：a||b||c，如果 a 为真，就根本没必要判别 b 和 c 了。

【例 4.2】逻辑表达式运算结果的演示。程序代码如下：

```
#include <stdio.h>
main()
{
    int a, b;
    a = 3; b = 5;
    printf("!5: %d\n", !5);
    printf("!0: %d\n", !0);
    printf("(8>3)&&(5<=7): %d\n", (8>3)&&(5<=7));
    printf("(5>3)&&(5<=4): %d\n", (5>3)&&(5<=4));
    printf("(9<7)||(9>3): %d\n", (9<7)||(9>3));
    printf("(a<7)||(9>b): %d\n", (a<7)||(9>b));
    printf("!(a=2)&&(b==a)&&0: %d\n", (a=2)&&(b==a)&&0);
    printf("!(a+b)+a-1&&b+a/2: %d\n", !(a+b)+a-1&&b+a/2);
}
```

运行结果：

```
!5: 0
!0: 1
(8>3)&&(5<=7): 1
(5>3)&&(5<=4): 0
(9<7)||(9>3): 1
(a<7)||(9>b): 1
!(a=2)&&(b==a)&&0: 0
!(a+b)+a-1&&b+a/2 的: 1
```

在学习了上述相关知识之后，我们通过下例来完成本章开篇提出的任务之一。

【例 4.3】在利用控制语句实现选择结构程序设计和循环结构程序设计时，通常要用关系表达式或逻辑表达式来表示各种需要判定的条件。将下面列出的判定条件用关系表达式或逻辑表达式来表示。

(1) 百分制成绩 mark 与成绩等级的对应关系：

1 级(mark 小于 60 分)	mark<60
2 级(mark 大于或等于 60 分且小于 70 分)	mark>=60&&mark<70
3 级(mark 大于或等于 70 分且小于 80 分)	mark>=70&&mark<80
4 级(mark 大于或等于 80 分且小于 90 分)	mark>=80&&mark<90
5 级(mark 大于或等于 90 且小于或等于 100 分)	mark>=90&&mark<=100

(2) 整数 num 是 3 的倍数：num%3==0

(3) 整数 num 是能够被 5 整除的偶数：(num%2==0)&&(num%5==0)

(4) num 是非负数：num>=0

(5) 字符 ch 是英文字母：(ch>=‘a’&&ch<=‘z’)||(ch>=‘A’&&ch<=‘Z’)

4.3　if　语　句

4.3.1　最基本的 if 语句

if 语句是用来判定所给定的条件是否满足，根据判定的结果(真或假)决定执行给出的两种操作之一。它的最简单形式为：

```
if(表达式) 语句;
```

例如：

```
if(x>y) printf("%d", x);
```

if 语句的执行流程如图 4.1 所示。

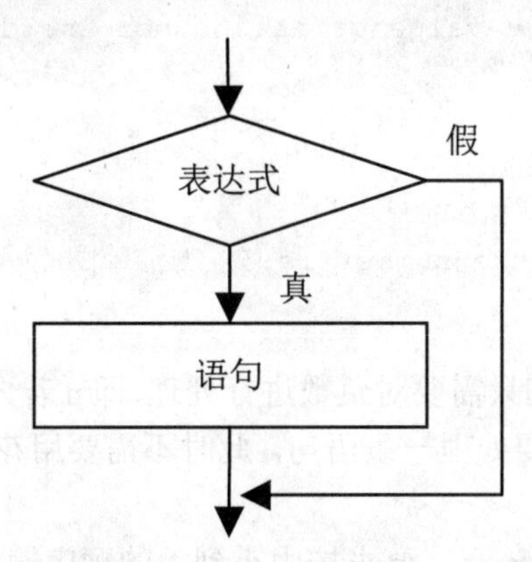

图 4.1　单分支 if 语句的执行流程

如果表达式的值为真(非 0)，执行其后所跟的语句；如果表达式的值为假，则直接转到下一条语句继续执行。这种形式的 if 语句又被称为单分支语句。

说明：

- if 后面括号中的“表达式”指定判断条件，可以是关系表达式，例如(x>y)、逻辑表达式，例如(x&&y)。注意表达式必须用圆括号括起来。
- 若语句由一条以上的语句组成，必须用花括号把这组语句括起来，构成复合语句。

【例 4.4】输入圆的半径，求圆的周长。编写程序代码如下：

```
#include <stdio.h>
main()
{
   float r,l;
   printf("please input the radius:");
   scanf("%f", &r);
   if(r > 0)
   {
      l = 2 * 3.14 * r;
      printf("the circumference is:%f\n", l);
```

```
    }
}
```

运行结果：

```
please input the radius: 2↙
the circumference is: 12.560000
```

【例 4.5】输入 x，求出并输出 x 的绝对值。编写程序代码如下：

```
#include <stdio.h>
main()
{
    int n;
    printf("please input a number:");
    scanf("%d", &n);
    if(n < 0)
        n = -n;
    printf("the absolute value of the number is:%d\n", n);
}
```

运行结果：

```
please input a number:-5↙
the absolute value of the number is:5
```

程序说明：

求一个数的绝对值时，我们只需要对负数进行处理，即 n 若为负数，它的绝对值为 n=-n。if 语句表达式 n<0 为真时，需要处理一条语句，此时不需要用花括号括起来构成复合语句，直接写赋值语句即可。

【例 4.6】输入 3 个数 a、b、c，要求按由小到大的顺序输出。

编写程序代码如下：

```
#include <stdio.h>
main()
{
    float a, b, c, t;
    printf("please input three numbers:");
    scanf("%f,%f,%f", &a, &b, &c);
    if(a > b)
    {
        t = a;
        a = b;
        b = t;
    }    /* swap a and b */
    if(a > c)
    {
        t = a;
        a = c;
        c = t;
    }    /* swap a and c */
    if(b > c)
```

```
    {
        t = b;
        b = c;
        c = t;
    }   /* swap b and c */
    printf("from small to large:%5.2f,%5.2f,%5.2f", a, b, c);
}
```

运行结果：

```
please input three numbers:15,17,-20↙
from small to large:-20.00,15.00,17.00
```

程序说明：

解此题的算法比前几题稍复杂一些。先确定 a 中放最小数，c 中放最大数，b 中放中间数。首先找出最小数放到 a 中，a 分别与 b 和 c 比较，若存在比 a 小的数，就交换变量的值。最后 b 与 c 比较一次，找出最大数放到 c 中，排序就完成。注意变量值在交换时，需要使用中间变量 t。

4.3.2　if-else 语句

if 语句更常用的形式是双分支语句，一般形式如下：

```
if(表达式)
    语句 1;
else
    语句 2;
```

例如：

```
if(x > y)
    max = x;
else
    max = y;
```

if-else 语句的执行流程如图 4.2 所示。

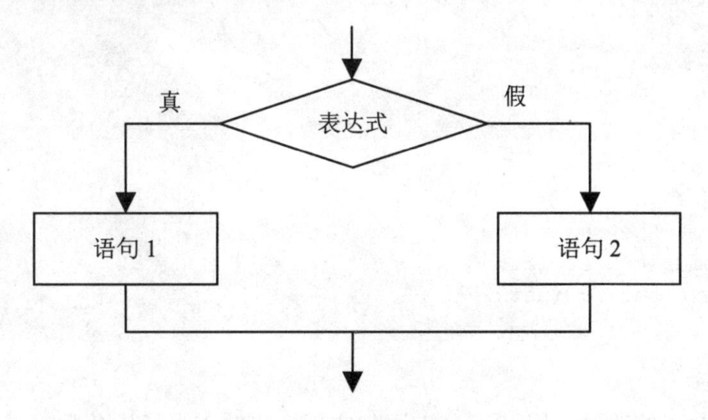

图 4.2　双分支 if 语句的执行流程

双分支 if 语句的执行过程是：如果表达式的值为真(非 0)，执行语句 1；若表达式的值为假(0)，则执行语句 2。语句 1 和语句 2 可以分别是一条语句，也可以是多条语句。

说明：

- if 语句和 else 语句属于同一个 if 语句。else 子句不能作为语句单独使用，它必须是 if 语句的一部分，与 if 配对使用。
- 当语句 1 和语句 2 为单条语句时，必须用分号作为结束符，这是由于分号是 C 语句中不可缺少的部分，这个分号是 if 语句中的内嵌语句所要求的。如果无此分号，则出现语法错误。
- 在 if 和 else 后面可以只含一个内嵌的操作语句，也可以有多个操作语句，此时用花括号“{}”将几个语句括起来成为一个复合语句。注意在复合语句的花括号“}”外面不需要再加分号。因为{}内是一个完整的复合语句，不需另附加分号。

例如：

```
if(a+b>c && b+c>a && c+a>b)
{
   s = 0.5*(a+b+c);
   area = sqrt(s*(s-a)*(s-b)*(s-c));
   printf("area=%6. 2f", area);
}
else
   printf("it is not a trilateral");
```

【例 4.7】完善例 4.4。输入圆的半径，求圆周长。编写程序代码如下：

```
#include <stdio.h>
main()
{
   float r,l;
   printf("please input the radius:");
   scanf("%f", &r);
   if(r > 0)
   {
      l = 2 * 3.14 * r;
      printf("the circumference is:%f\n", l);
   }
   else
      printf("error\n");
}
```

运行结果：

```
please input the radius:2↙
the circumference is:12.560000
please input the radius:-2↙
error
```

程序说明：

本例是对例 4.4 的改进。用 if 双分支语句实现：当输入半径为负数或零时，输出 error 提示，半径为正数就计算出圆周长并输出。

【例4.8】将输入的小写字符转换成大写字符输出，大写字符原样输出。

编写程序代码如下：

```
#include <stdio.h>
main()
{
    char ch;
    printf("输入一个字母:");
    scanf("%c", &ch);
    if(ch>='a' && ch<='z')   // 判断是否为小写字母
    {
        ch = ch-32;
        printf("%c\n", ch);
    }
    else
        printf("%c\n", ch);
}
```

运行结果：

```
输入一个字母:a↙
A
输入一个字母:E↙
E
```

程序说明：

小写字母转大写字母，只需将存放小写字母变量的ASCII码值减32，反之大写字母转小写字母，将存放大写字母变量的ASCII码值加32即可。

4.3.3 多分支选择

if双分支语句可对只有两种可能的条件做判断，而实际中有些问题可能需要在多种情况中做判断，如数学中的符号函数为：

$$\text{sign} = \begin{cases} 1 & (x>0) \\ 0 & (x=0) \\ -1 & (x<0) \end{cases}$$

可以用if语句的嵌套来实现多分支选择。在if语句中又包含一个或多个if语句称为if语句的嵌套。常见的if语句的嵌套格式如下。

(1) 格式1：

```
if(表达式1)
    if(表达式2)
        语句1;
    else
        语句2;
    else
        语句3;
```

(2) 格式 2：

```
if(表达式 1)
    语句 1;
else
    if(表达式 2)
        语句 2;
    else
        语句 3;
```

(3) 格式 3：

```
if(表达式 1)
    语句 1;
else if(表达式 2)
    语句 2;
...
else if(表达式 n)
    语句 n;
else
    语句 n+1;
```

格式 1 是在 if 语句中内嵌了 if-else 语句，格式 2 是在 else 语句中嵌套了 if-else 语句。格式 3 就是多层的 if-else 嵌套，也叫多分支语句。

多分支 if 语句的执行流程如图 4.3 所示。

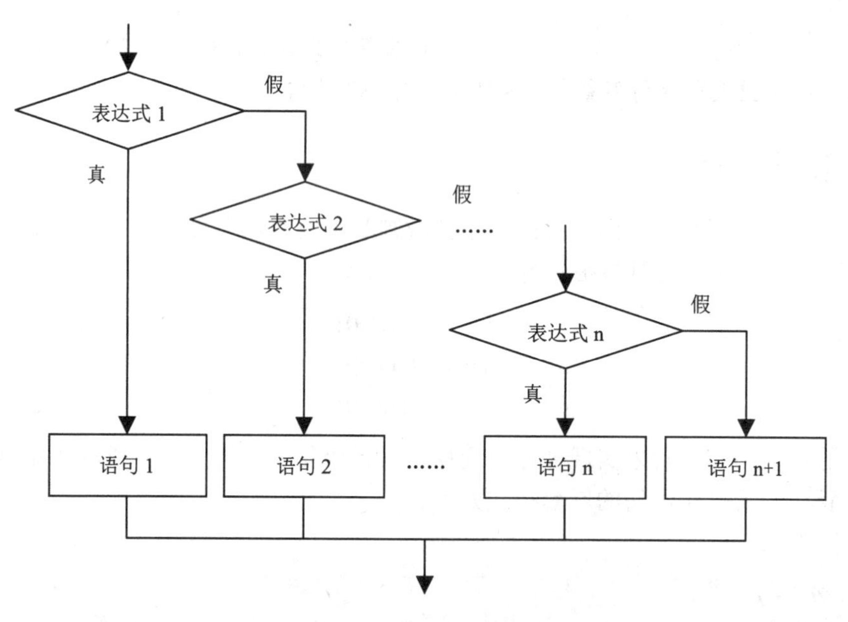

图 4.3　多分支 if 语句的执行流程

图 4.3 的含义是：如果表达式 1 为真，执行语句 1；如果表达式 2 为真，则执行语句 2，依此类推。如果表达式 n 为真，则执行语句 n，如果各表达式都不为真，则执行语句 n+1。

【例 4.9】求解符号函数。

$$
sign = \begin{cases} 1 & (x>0) \\ 0 & (x=0) \\ -1 & (x<0) \end{cases}
$$

编写程序代码如下：

```
#include <stdio.h>
main()
{
    int x, sign;
    printf("please input a number: ");
    scanf("%d", &x);
    if(x > 0)
        sign = 1;
    else if(x == 0)
        sign = 0;
    else
        sign = -1;
    printf("the result is: %d\n", sign);
}
```

运行结果：

```
please input a number:-89↙
the result is: -1
```

程序说明：

符号函数具有 3 个分支：正数、负数和零。所以采用 if 多分支结构来解决问题。注意 else 与 if 之间有空格。

对符号函数也可以用以下 if 语句嵌套来实现：

```
#include <stdio.h>
main()
{
    int x, sign;
    printf("please input a number:");
    scanf("%d", &x);
    if(x >= 0)
        if(x > 0)
            sign = 1;
        else
            sign = 0;
    else
        sign = -1;
    printf("the result is:%d\n", sign);
}
```

if 语句中的 else 并不是必需的，在嵌套的 if 结构中，可能有的 if 语句带有 else，有的 if 语句不带 else，那么一个 else 究竟与哪个 if 配对呢？C 语言规定：else 总是与前面最近的 if 相配对。

在学习了上述相关知识之后，我们通过下例来完成本章开篇提出的任务之二。

【例 4.10】输入学生的百分制成绩，输出该成绩对应的等级。已知百分制成绩与成绩等级的对应关系如下：

- mark 小于 60 分　　E
- mark 大于或等于 60 分且小于 70 分　　D
- mark 大于或等于 70 分且小于 80 分　　C
- mark 大于或等于 80 分且小于 90 分　　B
- mark 大于或等于 90 且小于或等于 100 分　　A

程序说明：学习了 if 选择语句后，我们可以使用它来按照学生成绩分析成绩所处级别。

程序清单如下：

```
#include <stdio.h>
main()
{
    float mark;
    printf("请输入一个百分制成绩: ");
    scanf("%f", &mark);
    if(mark >= 90)
        printf("等级为 A\n");
    else if(mark >= 80)
        printf("等级为 B\n");
    else if(mark >= 70)
        printf("等级为 C\n");
    else if(mark >= 60)
        printf("等级为 D\n");
    else
        printf("等级为 E\n");
}
```

运行结果：

```
请输入一个百分制成绩:84↙
等级为 B
请输入一个百分制成绩:50.5↙
等级为 E
```

4.4 switch 语句

用嵌套的 if 语句可以处理多分支选择，但如果分支较多，则嵌套的 if 语句层数就多，程序冗长而且可读性降低。C 语言提供的 switch 语句可以直接处理多分支选择，并且 switch 语句条理清楚，结构明了。它的一般形式如下：

```
switch(表达式)
{
    case 常量表达式 1: 语句 1;
    case 常量表达式 2: 语句 2;
```

```
    ...
    case 常量表达式n: 语句n;
    default: 语句n+1;
}
```

该语句的执行流程是：先计算表达式的值，如果值与哪个常量相匹配，就执行哪个case后的语句；如果表达式的值与所有列举的常量都不同，则执行default后的语句。由于case及default后都允许是语句序列，所以，当要安排多个语句时，也不必用花括号括起来。

switch语句中的default项不是必需的，如果没有default，则当所有的常量都不与表达式的值匹配时，switch语句就不执行任何操作。

说明：

- switch后面括弧内的“表达式”可以是任何类型的表达式。
- 当表达式的值与某一个case后面的常量表达式的值相等时，就执行此case后面的语句；若所有的case中的常量表达式的值都没有与表达式的值匹配的，就执行default后面的语句。
- 每一个case的常量表达式的值必须互不相同，否则就会出现互相矛盾的现象(对表达式的同一个值，出现两种或多种执行方案)。
- 各个case和default的出现次序不影响执行结果。
- 执行完一个case后面的语句后，流程控制转移到下一个case继续执行。“case 常量表达式:”只是起语句标号作用，并不是在该处进行条件判断。在执行switch语句时，根据switch后面表达式的值找到匹配的入口标号，就从此标号开始执行下去，不再进行判断。因此，应该在执行一个case分支后，使流程跳出switch结构，即终止switch语句的执行。可以用一个break语句来达到此目的。最后一个分支(default)可以不加break语句。
- 多个case可以共用一组执行语句。

在学习了上述相关知识之后，我们通过下例来完成本章开篇提出的任务之三。

【例 4.11】输入包含两个数值及一个运算符的算术表达式(如：42+5)，输出其运算结果。编写程序代码如下：

```
#include <stdio.h>
main()
{
    float a, b;
    char op;
    printf("输入一个算术表达式(如:42+5): ");
    scanf("%f%c%f", &a, &op, &b);
    switch(op)
    {
        case '+':
            printf("= %0.2f\n", a+b);
            break;
        case '-':
```

```
            printf("= %0.2f\n", a-b);
            break;
        case '*':
            printf("= %0.2f\n", a*b);
            break;
        case '/':
            if(b == 0)
                printf("输入错误! 除数不能为0! \n");
            else
                printf("= %0.2f\n", a/b);
            break;
        default:
            printf("运算符出错!\n");
    }
}
```

运行结果：

```
输入一个算术表达式(如:42+5):2*5↙
= 10.00
输入一个算术表达式(如:42+5):50-4.2↙
= 45.80
```

【例 4.12】多个 case 语句共用一组执行语句。编写程序代码如下：

```
#include <stdio.h>
main()
{
    char choice;
    printf("please input(A,B,C,D):");
    choice = getchar();
    switch(choice)
    {
    case 'a':
    case 'A':
        printf("perfect!\n");
        break;
    case 'B':
    case 'b':
        printf("good!\n");
        break;
    case 'C':
    case 'c':
        printf("pass!\n");
        break;
    case 'D':
    case 'd':
        printf("bad!\n");
        break;
    default:
        printf("error!\n");
```

```
    }
    printf("end!\n");
}
```

通过上述学习，读者已经掌握了必备的知识，现在可以通过下例来完成本章开篇提出的主要任务。

【例4.13】使用switch语句，改写前面的例4.10。

程序分析：

本程序是一个典型的多分支选择结构，例4.10用了if语句来实现，下面我们用switch语句改写程序。可以看出，使用switch语句要简洁一些。

源程序如下：

```
#include <stdio.h>
#include <stdlib.h>
main()
{
    int mark, n;
    printf("输入一个百分制成绩: ");
    scanf("%d", &mark);
    if(mark<0 || mark>100)
    {
        printf("输入出错! \n");
        exit(0);    /* exit()函数的作用是结束程序 */
    }
    n = mark / 10;

    switch(n)
    {
        case 10:
        case 9: printf("等级为 A\n"); break;
        case 8: printf("等级为 B\n"); break;
        case 7: printf("等级为 C\n"); break;
        case 6: printf("等级为 D\n"); break;
        default: printf("等级为 E\n");
    }
}
```

运行结果：

```
输入一个百分制成绩:90↙
等级为 A
输入一个百分制成绩:85↙
等级为 B
输入一个百分制成绩:55↙
等级为 E
输入一个百分制成绩:120↙
输入出错!
```

4.5 上机实训：选择结构程序设计

4.5.1 实训目的

(1) 熟练掌握各类运算符的优先级及使用方法。

(2) 能使用 if 语句和 switch 语句完成选择结构程序的编写。

4.5.2 实训内容

1. 编程与调试

编写程序求 y 的值。上机调试下面的程序，判断程序中是否存在错误，并将其改正。

$$y=\begin{cases}-1 & x<0\\ 0 & x=0\\ 1 & x<0\end{cases}$$

(1) 程序代码如下：

```
#include <stdio.h>
main()
{
    int x, y;
    scanf("%d", &x);
    if(x < 0)
        y = -1;
    else if(x == 0)
        y = 0;
    else
        y = 1;
    printf("x=%d,y=%d\n", x, y);
}
```

(2) 程序代码如下：

```
#include <stdio.h>
main()
{
    int x, y;
    scanf("%d", &x);
    if(x >= 0)
        if(x > 0)
            y = 1;
        else
```

```
            y = 0;
        else
            y = -1;
    printf("x=%d,y=%d\n", x, y);
}
```

(3) 程序代码如下：

```
#include <stdio.h>
main()
{
    int x, y;
    scanf("%d", &x);
    y = -1;
    if(x != 0)
        if(x > 0)
            y = 1;
        else
            y = 0;
    printf("x=%d,y=%d\n", x, y);
}
```

(4) 程序代码如下：

```
#include <stdio.h>
main()
{
    int x, y;
    scanf("%d", &x);
    y = 0;
    if(x >= 0)
        if(x > 0)
            y = 1;
        else
            y = -1;
    printf("x=%d,y=%d\n", x, y);
}
```

2. 运行与分析

运行下列程序，分析并观察运行结果。

(1) 程序代码如下：

```
#include <stdio.h>
main()
{
    int c;
    c = getchar();
    if(c>='A' && c<='Z')
        putchar(c + 32);
    else
        putchar(c);
}
```

(2) 程序代码如下：

```
#include <stdio.h>
main()
{
    float score;
    char grade;
    printf("please input the student's success: ");
    scanf("%f", &score);
    if(score>=0 && score<=100)
    {
        if(score > 89)
            grade = '5';
        else if(score > 79)
            grade = '4';
        else if(score > 59)
            grade = '3';
        else
            grade = '2';
        printf("the result is:%c", grade);
    }
    else
        printf("error!\n");
}
```

3. 完善程序

下面的程序功能是求一元二次方程 $ax^2+bx+c=0$ 的实数根。在程序的横线处填写正确的语句或表达式，使程序完整。上机调试程序，使程序的运行结果与给出的结果一致。

程序代码：

```
#include <math.h>
#include <stdio.h>
main()
{
    int a, b, c, d;
    float x1, x2;
    printf("a=");
    scanf("%d", &a);
    if(a == 0)
    {
        printf("a 不能为 0!");
        ____________________;
    }
    printf("b=");
    scanf("%d", &b);
    printf("c=");
    scanf("%d", &c);
    d = b * b - 4 * a * c;
    if(_______________)
```

```
      printf("无实数根! \n");
   else if(____________)
   {
      x1 = x2 = ________________;
      printf("x1=x2=%.2f\n", x1);
   }
   else
   {
      x1 = (-b + sqrt(d)) / (2 * a);
      x2 = (-b - sqrt(d)) / (2 * a);
      printf("x1=%.2f  x2=%.2f", x1, x2);
   }
}
```

运行结果 1：

```
a=0 ↙
a 不能为 0!
```

运行结果 2：

```
a=2 ↙
b=2 ↙
c=1 ↙
无实数根!
```

运行结果 3：

```
a=2 ↙
b=4 ↙
c=2 ↙
x1=x2= -1.00
```

运行结果 4：

```
a=6 ↙
b=8 ↙
c=1 ↙
x1= -0.14
x2= -1.19
```

4.6　习　　题

1. 填空题

(1) if 选择结构的 3 种形式分别为________________、________________、________________。

(2) 关系表达式的运算结果是________________。

(3) 在 C 语言中，以__________代表“真”，以__________代表“假”。

(4) else 与 if 相匹配的原则是________________。

(5) 在 if 语句中又包含一个或多个 if 语句称为________________。

2. 选择题

(1) 以下式子中哪个是合法的关系表达式？_______

A. x=1;　　B. x==1;　　C. x%2　　D. !1

(2) 以下式子中哪个是合法的逻辑运算符？_______

A. %　　B. !　　C. >=　　D. ,

(3) 若 a=2; b=3;，下面式子结果为真的是_______。

A. a/2>b　　B. !a==b*5　　C. 1&&(!=b)　　D. (a>b)||!(a/2)

(4) 若 a=2; b=3; c=4;，表达式!(a+b)+c-5&&b-(a+c)%2 的结果为_______。

A. 1　　B. 0　　C. 真　　D. 2

3. 计算题

若 a=5; b=2; c=1;，写出下面各表达式的值。

(1) a==b%2

(2) c>3+a==b/3-1

(3) c&&!1||b*a

(4) !a<b>c==1

(5) !(a+b)-c||b%2

4. 分析题

分析下列程序，写出运行结果。

(1) 程序代码如下：

```
#include <stdio.h>
main()
{
    float x,l;
    printf("输入正方形的边长:");
    scanf("%f", &x);
    if(x > 0)
    {
        l = x * 4;
        printf("正方形周长为: %.2f\n", l);
    }
    else
        printf("输入出错!");
}
```

(2) 程序代码如下：

```
#include <stdio.h>
main()
{
    int a=50, b=20, x;
    x = a;
```

```
    if(a < b)
    {
        x = b;
        printf("%d\n", x);
    }
}
```

(3) 程序代码如下:

```
#include <stdio.h>
main()
{
    float x;
    printf("输入一个数:");
    scanf("%f", &x);
    if(x >= 0)
        if(x > 0)
            printf("该数为正数!\n");
        else
            printf("该数为 0!\n");
    else
        printf("该数为负数!\n");
    printf("\n--------结束--------\n");
}
```

(4) 程序代码如下:

```
#include <stdio.h>
main()
{
    int x;
    printf("输入一个数: ");
    scanf("%d", &x);
    if(x%2==0 && x%3==0)
        printf("%d 既是 2 的倍数，也是 3 的倍数!\n",x);
}
```

(5) 程序代码如下:

```
#include <stdio.h>
main()
{
    char ch;
    printf("输入一个字符: ");
    scanf("%c",&ch);
    if(ch>='a' && ch<='z' || ch>='A' && ch<='Z')
        printf("这是字母\n");
    else if (ch>='0' && ch<='9')
        printf("这是数字\n");
    else printf("既不是字母也不是数字\n");
}
```

5. 编程题

(1) 输入 3 个数，输出其中的最大值。

(2) 输入 3 个数，将它们按从小到大的顺序输出。

(3) 有下面的分段函数：

$$y = \begin{cases} 2 & a>b \\ 1 & a=b \\ 0 & a<b \end{cases}$$

其中的 a、b 从键盘输入，输出 y 的值。

(4) 从键盘输入一个不多于 5 位的整数，要求：①计算它是几位数；②分别输出每位数字；③逆序输出各位数字(如原数为 123，逆序数为 321)。

第 5 章　循环结构程序设计

循环结构是重复执行某个程序段的结构。循环结构是结构化程序设计的三种基本结构之一，在许多问题中都需要用到循环控制。C 语言实现循环主要有 4 种方式：使用 while 循环语句、do-while 循环语句、for 循环语句以及用 goto 语句和 if 语句构成循环。本章主要介绍实现循环结构的控制语句的使用。

本章内容：

- while 语句及其应用。
- do-while 语句及其应用。
- for 语句及其应用。
- break 和 continue 语句的应用。

学习目标：

- 掌握循环结构程序设计方法。
- 掌握常规循环程序设计算法：累加、阶乘、求素数等。
- 能灵活运用循环语句解决实际问题。

本章任务：

在实际编程中，常常会利用循环结构重复执行某些操作。本章要完成的任务是处理若干学生的各科成绩，要求计算出每个学生的总分、平均分，以及学生的最高总分、最低总分，并结合选择结构程序设计，按平均分输出及格人数和不及格人数。

任务可以分解为两部分：

- 单一科目成绩的输入、输出和处理。
- 多种科目成绩的输入、输出和处理。

5.1　while 语句

循环结构根据给定条件是否满足来决定是否重复执行某一个模块的结构，反复执行的程序段称为循环体。

while 循环语句的一般形式如下：

```
while(表达式)
    循环体语句;
```

其执行流程如图 5.1 所示，图中表示了 while 循环结构的执行过程，表达式的值非 0(真)时，执行循环体，循环体可以是简单语句或复合语句，也可以是空语句。每次执行循环体的前后，都要判断一下表达式(条件)的值，表达式为真就继续执行循环体，直到表达式为假时就退出循环，转去执行 while 循环结构的下一条语句。

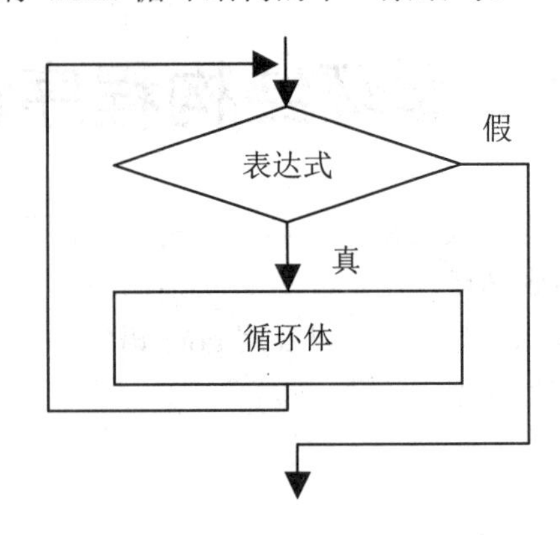

图 5.1　while 循环结构的执行流程

循环结构中的表达式一般是关系表达式或逻辑表达式，也可以是数值表达式或字符表达式，只要其值非零，就可执行循环体。

使用 while 语句时，应注意以下几个问题：

- while 语句的特点是“先判断循环条件，后执行循环体”，即先判断表达式的值，然后执行循环体中的语句。因此，如果表达式的值一开始就为“假”，则循环体一次也不执行，属于当型循环结构。
- 在循环结构程序设计时应尽量避免出现“无限循环”，即通常所说的“死循环”。在循环体中应有使循环趋向于结束的语句。即让循环表达式趋于“假”变化。
- 循环体如果包含一个以上的语句，应该用花括弧括起来，以复合语句形式出现。如果不加花括弧，则 while 语句的范围只能到 while 后面第一个分号处。

【例 5.1】利用 while 语句求 1+2+3+…+99+100 的和。编写程序如下：

```
#include <stdio.h>
main()
{
   int i, sum=0;
   i = 1;
   while(i <= 100)
   {
      sum = sum + i;
      i++;
   }
   printf("\n1+2+3+...+100=%d\n", sum);
}
```

运行结果：

```
1+2+3+...+100=5050
```

程序说明：

这个程序是常见的累加算法。sum 用来存放累加和，通常初值为 0，因为 0 不会影响累加结果。

i 为循环控制变量，值的变化为 1 到 100，所以初值为 1。执行 while 语句时先判断循环条件 i<=100 是否为真。为真就执行 sum=sum+i，然后 i++。i++语句是使循环趋向于结束的语句，实现 i 值增加 1 以供下一次累加使用。只有当循环条件 i<=100 为假即 i=101 时退出循环语句。退出循环语句时 sum 中已经计算出 1 到 100 的累加和。

【例 5.2】输入 10 个整数，求和与平均值。

编写程序代码如下：

```
#include <stdio.h>
main()
{
    int i, a;
    int sum;
    float average;
    printf("please input %d round numbers:\n", 10);
    sum = 0;
    i = 0;
    while(i < 10)
    {
        scanf("%d", &a);
        sum = sum + a;
        i++;
    }
    average = (float)sum / 10;     /* 计算平均值 */
    printf("the sum is:%d\n", sum);
    printf("the average is:%.2f\n", average);
}
```

运行结果：

```
please input 10 round numbers:
82  91  88  70  85  93  67  73  80  77 ↙
the sum is: 806
the average is: 80.60
```

程序说明：

程序利用 while 语句循环 10 次，将 10 个成绩读入到 a 变量中，并累加到 sum 中计算出总成绩。

average=(float)sum/10;语句中在 sum 前加(float)是将 sum 变量的类型转换为单精度，因为除法运算中，如果被除数和除数都是整数，那么运算结果将取整。

5.2　do-while 语句

do-while 循环结构与 while 循环结构不一样，它先执行循环体，而后判断循环条件，若循环条件中的表达式值非 0(真)，那么再次执行循环体。每执行一次循环体后，都判断一次循环条件，直到循环条件中的表达式值为 0(假)时，循环终止。它的一般形式是：

```
do
{
```

```
    循环体语句;
} while(表达式);
```

其执行流程如图 5.2 所示。

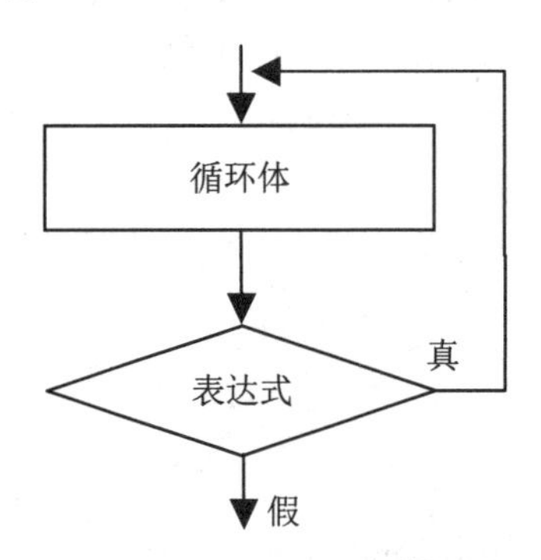

图 5.2　do-while 循环结构的执行流程

图 5.2 表示 do-while 循环结构的执行过程，先执行循环体，再判断表达式的值是否为非 0(真)，若为真，继续重复执行循环体，若为假，就结束循环，转去执行 do-while 循环结构的下一条语句。可以看出 do-while 无论循环条件是否为真，循环体至少执行一次，这也是直到型循环结构的主要特征。循环体可以是简单语句或复合语句，也可以是空语句。

使用 do-while 语句时，应注意以下几个问题：

- do-while 语句的特点是“先执行循环体，后判断循环条件”，即先判断表达式的值，然后执行循环体中的语句。因此，如果表达式的值一开始就为“假”，则循环体至少执行一次。属于直到型循环结构。
- do-while 在循环结构程序设计时应尽量避免出现“死循环”。
- 注意 while(表达式)后的“;”不能省略。
- 循环体如果包含一个以上的语句，应该用花括弧括起来，以复合语句形式出现。

【例 5.3】利用 do-while 语句求 1+2+3+…+99+100 的和。编写程序代码如下：

```
#include <stdio.h>
main()
{
   int i, sum=0;
   i =1;
   do
   {
      sum =sum + i;
      i++;
   } while(i <=100);
   printf("\n1+2+3+...+100=%d\n", sum);
}
```

运行结果：

```
1+2+3+...+100=5050
```

程序说明：

例 5.3 是将例 5.1 改写成 do-while 结构，例 5.3 和例 5.1 的循环体相同，循环条件相同，输出结构相同。可以发现在循环条件第一次都为真的情况下，while 语句和 do-while 语句可以互换，功能相同。

5.3 for 语句

在 C 语言实现循环结构的控制语句中，for 语句的使用最为灵活，它不仅可以用于循环次数已确定的情况，而且可以用于循环次数不确定而只给出循环结束条件的情况，它完全可以取代 while 语句。

for 语句的一般形式为：

```
for(表达式 1; 表达式 2; 表达式 3)
    循环体语句;
```

for 语句最简单的应用形式(也是最容易理解的形式)如下：

```
for(循环变量赋初值; 循环条件; 循环变量增量)
    循环体语句;
```

上面“表达式 1”一般是一个赋值表达式，用来给循环控制变量赋初值；而“表达式 2”一般是一个关系表达式或逻辑表达式，用来决定什么时候退出循环；“表达式 3”一般是一个算术表达式，定义循环控制变量每循环一次后按什么方式变化。这三个部分之间用分号(;)间隔。例如：

```
for(i =1; i <=100; i++)
    sum =sum + i;
```

先给 i 赋初值 1，判断 i 是否小于等于 100，若是则执行语句 sum=sum+i，之后 i 值增加 1。再重新判断，直到条件为假，即 i>100 时，结束循环。

其执行流程如图 5.3 所示。

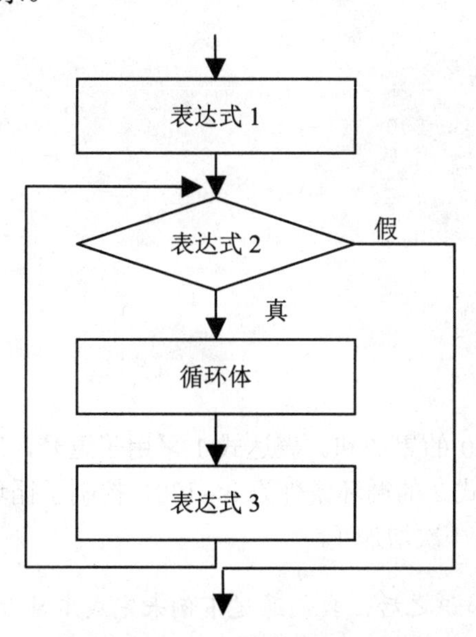

图 5.3　for 循环结构的执行流程

从图 5.3 中可以看出，for 语句执行过程如下。

(1) 首先求解表达式 1。

(2) 求解表达式 2，若其值为真(非 0)，就执行循环体中的语句，然后执行下面第(3)步；若其值为假，则结束循环，转至第(5)步。

(3) 求解表达式 3。

(4) 转至第(2)步继续执行。

(5) 执行 for 循环语句下面的一个语句。

在使用 for 语句时，应注意以下几个问题：

- for 语句中的表达式 1、表达式 2 和表达式 3 都是可选择项，都可以省略，但每个表达式的“;”一定不能省略。当省略表达式 2 时，相当于“无限循环”(循环条件总为“真”)，这时就需要在 for 循环语句的循环体中设置相应的语句来结束循环。
- for 语句的循环体部分可以是复合语句。
- for 语句中的表达式 1 和表达式 3 既可以是一个简单表达式，也可以由逗号运算符将多个表达式连接起来，如下面的表达式 1 和表达式 3 都使用了逗号：

```
for(i=0,sum=0; i<=100; i++,i++)
    sum = sum + i;
```

- 表达式 2 一般是关系表达式(如 i<=100)或逻辑表达式(a<b&&x<y)，但也可以是数值表达式或字符表达式，只要其值非零，就可执行循环体。例如：

```
for(i=0; c=getchar()!='\n'; i++) ;
```

注意此循环体为空语句，把本来要在循环体内部处理的内容放在表达式 3 中，作用是一样的，但因可读性差而不宜采用。

【例 5.4】利用 for 语句求 1+2+3+…+99+100 的和。编写程序代码如下：

```
#include <stdio.h>
main()
{
    int i, sum;
    for(i=0,sum=0; i<=100; i++)
        sum = sum + i;
    printf("\n1+2+3+...+100=%d\n", sum);
}
```

运行结果：

```
1+2+3+...+100=5050
```

程序说明：

本例实现了求 1 到 100 的累加和。表达式 1 采用了逗号，同时对循环变量 i 和累加和变量 sum 赋了初值。表达式 2 的循环条件为 i<=100，控制了循环次数。表达式 3 将循环变量增量为 i++，使 i 每循环一次增加 1。

在学习了上述相关知识之后，我们通过下例来完成本章开篇提出的任务之一。

【例 5.5】输入 10 个学生的英语考试成绩，输出其中的最高分和最低分，以及本门课程的总成绩和平均成绩。

编写程序代码如下：

```
#include <stdio.h>
#define N 10
main()
{
    int i, score;
    int max, min, sum;
    float average;
    printf("输入 %d 个学生的英语考试成绩:\n", N);
    scanf("%d", &score);
    max = min = score;
    sum = score;
    for(i=1; i<N; i++)
    {
        scanf("%d", &score);
        sum = sum + score;
        if(score > max)
            max = score;
        else if(score < min)
            min = score;
    }
    average = (float)sum / N;   /* average */
    printf("最高分: %d\n", max);
    printf("最低分: %d\n", min);
    printf("总分: %d\n", sum);
    printf("平均分: %.2f\n", average);
}
```

运行结果：

```
输入 10 个学生的英语考试成绩:
82  91  88  70  85  93  67  73  80  77 ↙
最高分: 93
最低分: 67
总分: 806
平均分: 80.60
```

程序说明：

程序中，先用 score 的第一个值来初始化 max 和 min 变量，再通过循环语句，依次读入第 2 到第 10 个值给 score。把 score 的值与 max、min 相比较，如果 score 的值比 max 的值大，把 score 的值赋给 max；如果 score 的值比 min 的值小，则把 score 的值赋给 min。循环结束，max 中就是所有输入成绩的最大值，min 中就是最小值。

从上面的介绍中可以知道，for 语句可以把循环体和一些无关的操作也作为表达式 1 或表达式 3 的一部分，这样做可以使程序短小简洁。但如果过分地利用这一特点，会使 for 语句显得杂乱，可读性降低，所以建议不要把与循环无关的内容放到 for 语句中。

【例 5.6】输出所有的水仙花数。水仙花数是指一个三位数，它的每个位上数字的 3 次幂之和等于它本身(例如：$1^3 + 5^3 + 3^3 = 153$，所以 153 是一个水仙花数)。

```
#include <stdio.h>
main()
{
    int x, a, b, c;
    for(x=100; x<=999; x++)
    {
        a = x / 100;          // 百位
        b = x % 100 / 10;     // 十位
        c = x % 10;           // 个位
        if(a*a*a+b*b*b+c*c*c == x)
            printf("%d\n", x);
    }
}
```

运行结果：

```
153
370
371
407
```

5.4 goto 语句

goto 语句是一种无条件转移语句，goto 语句与 if 语句配合使用可以构成循环结构。一般形式为：

```
goto 语句标号;
```

其中“语句标号”是一个有效的标识符(这个标识符加上冒号“:”出现在某条语句前，用于标识程序中某个语句的位置)。例如：

```
goto loop;
```

执行 goto 语句后，程序将跳转到该标号处并执行其后的语句。标号应当与 goto 语句同处于一个函数中。通常 goto 语句与 if 条件语句配合使用，当满足某一条件时，程序跳到标号处执行。

【例 5.7】利用 goto 语句求 1+2+3+…+99+100 的和。编写程序代码如下：

```
#include <stdio.h>
main()
{
    int i, s=0;
    i =1;
    label:                  /* sentence label */
    if(i <=100)
    {
        s =s + i;
        i++;
        goto label;    /* goto label */
```

```
    }
    printf("s=%d\n", s);
}
```

运行结果：

```
s=5050
```

程序说明：

本例采用 goto 语句与 if 条件语句配合实现循环。if 语句的条件构成循环条件，若为真(非 0)就执行 if 语句，即执行循环体，执行完循环体时再通过 goto 语句无条件转移到 label 标号所在的语句行继续判断循环条件是否为真(非 0)；为假(0)就结束循环。

使用 goto 语句时，应注意以下几个问题：

- goto 语句虽然也可以构成循环结构，但在结构化程序设计中，不提倡使用 goto 语句，因为滥用 goto 语句将使程序流程无规律、可读性差。因此在编写程序时应尽量避免使用 goto 语句。
- goto 语句主要有两种用途：一是与 if 语句一起构成循环结构，二是从循环体中跳出到循环体外，一般不宜采用，只有在不得已时才使用。

【例 5.8】利用 goto 语句跳出循环。

程序代码如下：

```
#include <stdio.h>
main()
{
    int i, sum=0;
    i =1;
    while(1)
    {
        sum = sum + i;
        i++;
        if (i > 50)
            goto label;
    }
    label:
    printf("\n1+2+3+...+50=%d\n", sum);
}
```

运行结果：

```
1+2+3+...+50=1275
```

程序说明：

使用 goto 语句在恰当的时机退出了 while 循环，使循环体只执行了 50 次。当循环变量大于 50 时就转到 while 循环外，执行 printf 语句。

5.5 几种循环控制语句的比较

几种循环控制语句的比较如下：

- while 语句和 for 语句是属于先判断循环条件的循环语句，故循环体有可能一次也不执行，属于当型循环结构。
- do-while 语句是执行完循环体后，再判断循环条件的循环语句，循环体至少执行一次，属于直到型循环结构。
- 循环体至少执行 1 次时，4 种循环都可用来处理同一问题，可以互相代替。所有循环语句都是在循环条件为真(非 0)时才能执行循环体。
- 如果循环次数可以在进入循环语句之前确定，使用 for 语句较好；在循环次数难以确定时，则使用 while 和 do-while 语句较好。
- 用 while 和 do-while 循环时，循环变量初始化的操作应在 while 和 do-while 之前完成；而 for 语句可以在表达式 1 中实现变量的初始化。
- while 和 do-while 循环只在 while 后面指定循环条件，在循环体中包含应反复执行的操作语句，包括使循环趋于结束的语句。for 循环可以在表达式 3 中包含使循环趋于结束的操作。

【例 5.9】用 4 种循环语句分别输出 1!~5!。

(1) 使用 for 语句。程序代码如下：

```
#include <stdio.h>
main()
{
    int i;
    long s;
    s =1;
    for(i=1; i<=5; i++)
    {
        s =s * i;
        printf("%d!=%ld\n", i, s);
    }
}
```

运行结果：

```
1!=1
2!=2
3!=6
4!=24
5!=120
```

(2) 使用 while 语句。程序代码如下：

```
#include <stdio.h>
main()
{
    int i =1;
```

```
    long s;
    s =1;
    while(i <=5)
    {
        s =s * i;
        printf("%d!=%ld\n", i, s);
        i++;
    }
}
```

(3)　使用 do-while 语句。程序代码如下：

```
#include <stdio.h>
main()
{
    int i =1;
    long s;
    s =1;
    do
    {
        s =s * i;
        printf("%d!=%ld\n", i, s);
        i++;
    }
    while(i <=5);
}
```

(4)　使用 goto 语句。程序代码如下：

```
#include <stdio.h>
main()
{
    int i =1;
    long s;
    s =1;
    loop:
    if(i <=5)
    {
        s =s * i;
        printf("%d!=%ld\n", i, s);
        i++;
        goto loop;
    }
}
```

程序说明：

对于程序中用来存放阶乘运算结果的变量 s，由于其取值范围超过了 int 所能表示的范围(−32768～+32767)，为了防止数据错误，所以将 s 定义为长整型。

5.6 break 语句和 continue 语句

5.6.1 break 语句

在 4.4 节中已经介绍过用 break 语句可使程序流程跳出 switch 结构，继续执行 switch 语句下面的一个语句。实际上，break 语句还可以用来从循环体内跳出循环体，即提前结束循环，接着执行循环下面的语句。

break 语句的一般形式为：

```
break;
```

其执行过程是：在循环语句中如果执行到 break 语句，则终止 break 所在循环的执行，循环体中 break 语句之后的语句也不再执行。通常 break 语句总是与 if 语句联用，即满足条件时便跳出循环。

【例 5.10】break 语句的应用。编写程序代码如下：

```
#include <stdio.h>
main()
{
    int i, s=0;
    for(i=1; i<100; i++)
    {
        if(i > 5)
            break;
        s =s + i;
    }
    printf("s=%d\n", s);
}
```

运行结果：

```
s=15
```

注意，在循环嵌套中使用 break 语句时，它只影响包含它的最内层循环，即程序仅跳出包围该 break 语句的那层循环。

5.6.2 continue 语句

continue 语句的作用是结束本次循环，即跳过循环体中下面尚未执行的语句，直接进行下一次是否执行循环判定。

continue 语句的一般形式为：

```
continue;
```

其执行过程是：如果在循环体语句的执行过程中遇到并执行了 continue 语句，那么系统将跳过循环体中剩余的语句而强制执行下一次循环。与 break 语句的用法相似，continue 语句常与 if 条件语句一起使用。

【例 5.11】把 100~200 之间不能被 2 和 5 整除的数输出。编写程序代码如下：

```
#include <stdio.h>
main()
{
    int k=0, n=100;
    while(n <=200)
    {
        n++;
        if(n%2==0 || n%5==0)
            continue;
        printf("%5d", n);
        k++;
        if(k%5 ==0)
            printf("\n");
    }
}
```

运行结果：

```
101  103  107  109  111
113  117  119  121  123
127  129  131  133  137
139  141  143  147  149
151  153  157  159  161
163  167  169  171  173
177  179  181  183  187
189  191  193  197  199
```

程序说明：

程序循环控制变量 n 的取值范围为 100~200，当 n%2==0 || n%5==0 为真时表明当前 n 能被 2 和 5 整除，这时 n 的值不需要输出，立刻执行 continue 语句，结束本次循环，转到 while 循环开始，继续判断循环条件 n<=200 是否为真，为真则继续执行循环体。当 n%2==0 || n%5==0 为假时，才输出 n 的值。k 变量用来控制一行输出 5 个数据，当输出满 5 个数据时就执行 printf("\n")语句。

break 语句与 continue 语句的区别：continue 语句是结束本次循环，进行下一次循环，而不是结束整个循环过程。对单层循环，break 语句是结束整个循环，转到循环体外；对于多层循环，则是结束最内层循环。

注意，break 语句和 continue 语句只对 do-while 语句、while 语句和 for 语句构成的循环有控制作用，对 goto 语句构成的循环无效。

5.7 循环嵌套

5.7.1 循环嵌套的几种形式

一个循环体内又包含另一个完整的循环结构，称为循环的嵌套。内嵌的循环中还可以再嵌套循环，这就是多层循环。

do-while 循环、while 循环和 for 循环等可以互相嵌套，goto 语句构成的循环很少使用，我们在这里就不具体讲述了。例如，下面几种都是合法的嵌套形式。

(1) while 循环嵌套 while 循环：

```
while()
{
    ...
    while()
    {
        ...
    }
}
```

(2) do-while 循环嵌套 do-while 循环：

```
do
{
    ...
    do
    {
        ...
    } while();
} while();
```

(3) for 循环嵌套 for 循环：

```
for( ; ; )
{
    ...
    for( ; ; )
    {
        ...
    }
}
```

(4) while 循环嵌套 do-while 循环：

```
while()
{
    ...
    do
    {
        ...
    } while();
    ...
}
```

(5) for 循环嵌套 while 循环：

```
for( ; ; )
{
    ...
```

```
    while()
    {
        ...
    }
    ...
}
```

(6) do-while 循环嵌套 for 循环：

```
do
{
    ...
    for( ; ; )
    {
        ...
    }
    ...
} while();
```

5.7.2　循环嵌套应用举例

【例 5.12】打印九九乘法表。程序代码如下：

```
#include <stdio.h>
main()
{
    int i, j;
    for(i=1; i<=9; i++)           /* output 9 rows */
    {
        for(j=1; j<=i; j++)
            printf("%d*%d=%-3d", j, i, j*i);
        printf("\n");
    }
}
```

运行结果：

```
1*1=1
1*2=2  2*2=4
1*3=3  2*3=6  3*3=9
1*4=4  2*4=8  3*4=12 4*4=16
1*5=5  2*5=10 3*5=15 4*5=20 5*5=25
1*6=6  2*6=12 3*6=18 4*6=24 5*6=30 6*6=36
1*7=7  2*7=14 3*7=21 4*7=28 5*7=35 6*7=42 7*7=49
1*8=8  2*8=16 3*8=24 4*8=32 5*8=40 6*8=48 7*8=56 8*8=64
1*9=9  2*9=18 3*9=27 4*9=36 5*9=45 6*9=54 7*9=63 8*9=72 9*9=81
```

程序说明：

程序输出三角形九九乘法表，程序中外循环控制输出 9 行数，内循环控制每行输出算式个数，第一行一个算式，第二行两个算式，……，可以看出每行输出算式个数与当前是第几行有关系，即第 N 行就要显示 N 个算式，因此内循环循环条件为 j<=i。请大家考虑如

果修改内循环条件为 j<=9，输出情形会发生怎样的变化？

在学习了上述相关知识之后，我们通过下例来完成本章开篇提出的任务之二。

【例 5.13】分别输入 2 个学生的计算机基础成绩、高等数学成绩、大学英语成绩和 C 语言成绩，求每个学生的总成绩和平均成绩。

源程序如下：

```
#include <stdio.h>
#define N 2
main()
{
    int score, sum;
    int i, j;
    printf("输入学生成绩: \n");
    for(i=1; i<=N; i++)
    {
        printf("\n%8s%8s%6s%6s%6s \n",
               "序号", "计算机","数学", "英语", "C 语言");
        sum = 0;
        printf("%8d", i);
        for(j=1; j<=4; j++)
        {
            scanf("%d", &score);
            sum = sum + score;
        }
        printf("\n%8s%d 总分: %d  平均分: %.2f\n","学生",i,sum,sum/4.0);
    }
}
```

运行结果如图 5.4 所示。

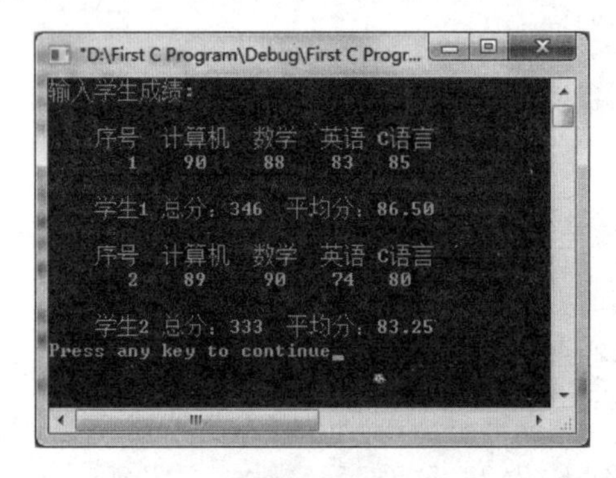

图 5.4 例 5.13 运行结果

程序说明：

程序中由于用 score 变量来存放所有成绩，score 变量在同一时刻只能存放一个成绩，因此每个学生成绩输入后就累加到 sum 变量中，再接收键盘输入的下一个成绩，每个学生所有成绩输入完，立刻输出总分及平均分。在学习数组后，我们可以将输入的数据都保存到一个二维数组中，然后再对数据进行处理。

通过上述学习，读者已经掌握了必备的知识，现在可以通过下例来完成本章开篇提出的主要任务。

【例 5.14】 输入一批学生的计算机基础、高等数学、大学英语和 C 语言的成绩，要求计算出每个学生的总分、平均分，以及学生的最高总分、最低总分，并根据平均分输出及格人数和不及格人数。

编写程序如下：

```
#include <stdio.h>
main()
{
    int n, score, sum, max_sum, min_sum;
    int n1 =0, n2 =0;
    int i, j;
    float average;
    printf("请输入学生人数: ");
    scanf("%d", &n);
    printf("输入学生成绩:\n");
    for(i=1; i<=n; i++)
    {
        sum =0;
        printf("\n%8s%8s%6s%6s%6s \n",
                "序号", "计算机","数学", "英语", "C 语言");
        printf("%8d", i);
        for(j=1; j<=4; j++)
        {
            scanf("%d", &score);
            sum = sum + score;
        }
        if(i ==1)
            max_sum =min_sum =sum;
        if(sum > max_sum)
            max_sum =sum;
        if(sum < min_sum)
            min_sum =sum;
        average =sum / 4.0;
        if(average < 60)
            n1++;
        else
            n2++;
        printf("\n%8s%d 总分: %d  平均分: %.2f\n","学生",i,sum,sum/4.0);
    }
    printf("----------------------------------------\n");
    printf("最高总分:%d, 最低总分:%d\n", max_sum, min_sum);
    printf("及格人数:%d\n", n2);
    printf("不及格人数: %d\n", n1);
}
```

运行结果如图 5.5 所示。

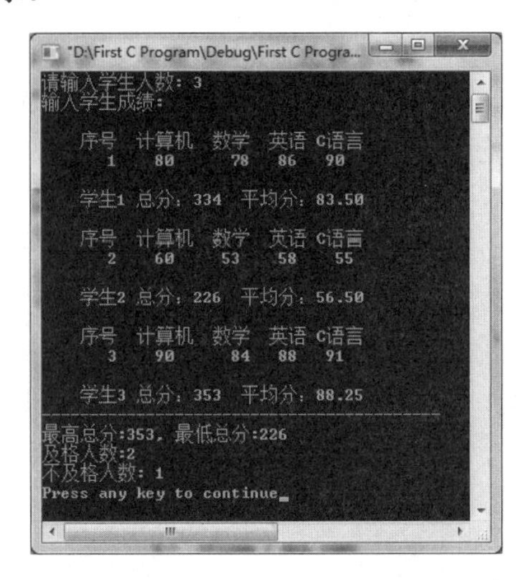

图 5.5　例 5.14 运行结果

5.8　上机实训：循环结构程序设计

5.8.1　实训目的

(1)　熟练掌握循环结构程序的设计方法。

(2)　能灵活运用三种基本结构完成较复杂程序的编写。

5.8.2　实训内容

1. 编程与调试

编写程序完成求自然数 1 至 100 的和，上机调试下面的程序，判断程序中是否存在错误，并将其改正。

(1)　程序代码如下：

```
#include <stdio.h>
main()
{
    int i, sum;
    i=0; sum=0;
    while(i <= 100)
    {
        sum = sum + i;
        i++;
    }
    printf("1+2+...+100=", sum);
}
```

(2) 程序代码如下：

```
#include <stdio.h>
main()
{
    int i, sum;
    i = 1;
    sum = 0;
    while(i <= 100)
    {
        sum = sum + i;
        i++;
    }
    printf("1+2+...+100=", sum);
}
```

(3) 程序代码如下：

```
#include <stdio.h>
main()
{
    int i, sum;
    i = 0;
    sum = 0;
    while(i<100)
    {
        sum = sum + i;
        i++;
    }
    printf("1+2+...+100=", sum);
}
```

(4) 程序代码如下：

```
#include <stdio.h>
main()
{
    int i, sum;
    i = 0;
    sum = 0;
    while(i < 100)
    {
        i++;
        sum = sum + i;
    }
    printf("1+2+...+100=", sum);
}
```

(5) 程序代码如下：

```
#include <stdio.h>
main()
```

```
{
    int i, sum;
    i = 0;
    sum = 0;
    do
    {
        sum = sum + i;
        i++;
    } while(i < 100);
    printf("1+2+...+100=", sum);
}
```

(6) 程序代码如下：

```
#include <stdio.h>
main()
{
    int i, sum;
    i = 1;
    sum = 0;
    do
    {
        sum = sum + i;
        i++;
    } while(i < 100);
    printf("1+2+...+100=", sum);
}
```

(7) 程序代码如下：

```
#include <stdio.h>
main()
{
    int i, sum;
    i = 1;
    sum = 0;
    do
    {
        i++;
        sum = sum + i;
    } while(i < 100);
    printf("1+2+...+100=", sum);
}
```

(8) 程序代码如下：

```
#include <stdio.h>
main()
{
    int i, sum;
```

```
    i = 1;
    sum = 0;
    do
    {
        i++;
        sum = sum + i;
    } while(i <= 100);
    printf("1+2+...+100=", sum);
}
```

(9) 程序代码如下：

```
#include <stdio.h>
main()
{
    int i, sum;
    for(i=0,sum=0; i<=100; i++)
        sum = sum + i;
    printf("1+2+...+100=", sum);
}
```

(10) 程序代码如下：

```
#include <stdio.h>
main()
{
    int i, sum;
    for(i=1,sum=0; i<100; i++)
        sum = sum + i;
        printf("1+2+...+100=", sum);
    }
}
```

2. 运行与分析

运行下列程序，分析并观察运行结果。

(1) 程序代码如下：

```
#include <stdio.h>
main()
{
    char c;
    printf("please input a string: ");
    c = getchar();
    while(c != '$')
    {
        putchar(c);
        c = getchar();
    }
}
```

(2) 程序代码如下：

```
#include <stdio.h>
main()
{
    int x, y, z;
    printf("cock hen chick\n");
    for(x=0; x<=19; x++)
        for(y=0; y<=33; y++)
            for(z=0; z<=100; z++)
                if((5*x+3*y+z/3==100) && (x+y+z==100))
                    printf("%2d%6d%6d\n", x, y, z);
}
```

(3) 程序代码如下：

```
#include <stdio.h>
main()
{
    int i, j;
    for(i=3; i<=100; i++)
    {
        for(j=2; j<=i-1; j++)
            if(i%j == 0)
                break;
        if(i == j)
            printf("%4d", i);
    }
    printf("\n");
}
```

3. 完善程序

在程序的横线处填写正确的语句或表达式，使程序完整。上机调试程序，使程序的运行结果与给出的结果一致。

有公鸡、母鸡和小鸡共 100 只，共花去 100 元，公鸡 5 元 1 只，母鸡 3 元 1 只，小鸡 3 只 1 元，问有多少只公鸡、母鸡和小鸡。

编写程序代码如下：

```
#include <stdio.h>
main()
{
    int x, y, z;
    printf("cock hen chick\n");
    for(x=0; x<=19; x++)
    ____________________
    for(z=0; z<=100; z++)
    ____________________
    printf("%2d%6d%6d\n", x, y, z);
}
```

运行结果如下：

```
cock hen chick
0    25  75
3    20  77
4    19  78
7    13  88
8    11  81
11    6  83
12    4  84
```

5.9　综合项目实训

5.9.1　实训内容

本次综合项目实训中，我们将循环的嵌套应用到一个既有趣味性又有实用性的程序设计程序中。要设计的是一个译码的程序，它具有以下几项功能：

- 将重要的电文转换成密码。
- 将明文翻译成暗文的规律是——将 A 变成 I，a 变成 i，即变成其后的第 8 个字母，S 转换成 A，T 转换成 B，依此类推。非字母不变。
- 从键盘输入明文，输出转换的暗文。
- 也可完成从暗文到明文的转换。

5.9.2　程序分析

这是一个很有代表性的实际问题，在具体的编程过程中，需要考虑以下几个细节：

- 明文结束的设置。
- 对于输入的字符串，以回车作为结束标志，并用循环语句完成对输入的每个字符进行转换。
- 字母‘a’~‘r’转换为‘i’~‘z’、字母‘A’~‘R’转换为‘I’~‘Z’(只要将原字母的 ASCII 码加 8 即可)。
- 特殊字母的转换。

如果原字母大于等于‘S’或‘s’，加 8 后大于‘Z’或‘z’，按转换规律应转换成‘A’~‘H’或‘a’~‘h’，方法是使原字母减 18。但条件不能写成 if(c>‘z’||c>=‘Z’) c=c−18，因为当字母是小写字母时，也满足 c>‘Z’，应执行 c=c−18，此时就会出错。因此，原字母是大写时，必须控制上限，应写成 c>=‘Z’&&c<=‘Z’+8。而当原字母是小写字母时，就可以直接写成 c>‘z’。

5.9.3　部分源程序清单

程序中使用到了循环中的嵌套选择结构以及选择结构之间的嵌套，下面只给出前面的嵌套结构，后面的代码要求自行完成：

```
#include <stdio.h>
main()
{
    char c;
    while((c=getchar()) !='\n')
    {
        if((c>='a'&&c<='z') || (c>='A'&&c<='Z'))
        {
            ____________________
            ____________________
            ____________________
        }
        printf("%c", c);
    }
}
```

5.9.4 实训报告

上机实训之后，完成以下实训报告的填写。

班级		姓名		学号	
课程名称		实训指导教师			
实训名称	一个译码程序的实现				
实训目的	(1) 在设计较复杂的程序时，能正确分析程序的结构 (2) 能灵活运用三种基本结构完成较复杂程序的编写 (3) 能分析出程序的算法，并编写完善的程序				
实训要求	(1) 在上机之前预习实训内容，并完成整个程序的编写 (2) 上机运行并调试程序，得出最终的正确结果 (3) 完成实训报告				
程序功能					

续表

实训名称	一个译码程序的实现
源程序清单	
运行结果	
程序调试情况说明	
实训体会	
实训建议	

5.10 习　　题

1. 填空题

(1) while 语句执行的特点是________。因此，如果表达式的值一开始就为“假”时，则循环体一次也不执行，属于________结构。

(2) for 语句中的表达式 1、表达式 2 和表达式 3 都是可选择项，都可以省略，但每个表达式的________一定不能省略。当省略表达式 2 时，相当于________，这时就需要在 for 循环语句的循环体中设置相应的语句来结束循环。

(3) do-while 语句执行的特点是________。因此，如果表达式的值一开始就为“假”时，则循环体至少执行一次，属于________结构。

(4) continue 语句的作用是________。break 语句的作用是________。

(5) break 语句和 continue 语句只对________、________和________构成的循环有控制作用，对________构成的循环无效。

2. 选择题

(1) C 语言用_______表示逻辑“真”值。

A. true　　B. t 或 y　　C. 非零整数值　　D. 整数 0

(2) 语句 while(!e);中的条件!e 等价于_______。

A. e==0　　B. e!=1　　C. e!=0　　D. ~e

(3) 以下 for 循环是_______。

```
for(x=0,y=0; (y!=123)&&(x<4); x++) ;
```

A. 无限循环　　B. 循环次数不定

C. 执行 4 次　　D. 执行 3 次

(4) 下面有关 for 循环的正确描述是_______。

A. for 循环只能用于循环次数已经确定的情况

B. for 循环是先执行循环体语句，后判定表达式

C. 在 for 循环中，不能用 break 语句跳出循环体

D. for 循环体语句中，可以包含多条语句，但要用花括号括起来

(5) 对于 for(表达式 1; ; 表达式 3)，可理解为_______。

A. for(表达式 1; 1; 表达式 3)

B. for(表达式 1: 1; 表达式 3)

C. for(表达式 1; 表达式 1; 表达式 3)

D. for(表达式 1; 表达式 2; 表达式 3)

(6) C 语言中 while 和 do-while 循环的主要区别是_______。

A. do-while 的循环体至少无条件执行一次

B. while 的循环控制条件比 do-while 的循环控制条件严格

C. do-while 允许从外部转到循环体内

D. do-while 的循环体不能是复合语句

3. 分析题

分析下列程序，写出运行结果。

(1) 程序代码如下:

```
#include <stdio.h>
main()
{
    int num = 0;
    while(num <= 2)
    {
        num++;
        printf("%d\n", num);
    }
}
```

(2) 程序代码如下:

```
#include <stdio.h>
main()
{
    int x, y;
    x = y = 0;
    while(x < 15)
    {
        y++;
        x += ++y;
    }
    printf("%d,%d", y, x);
}
```

(3) 程序代码如下:

```
#include <stdio.h>
main()
{
    int t;
    t = 0;
    while(1)
    {
        t++;
        printf("*");
        if(t > 3)
            break;
    }
}
```

(4) 程序代码如下:

```
#include <stdio.h>
main()
```

```
{
    int c;
    while((c=getchar()) != '\n')
    switch(c-'2')
    {
    case 0:
    case 1: putchar(c+4);
    case 2: putchar(c+4); break;
    case 3: putchar(c+3);
    default: putchar(c+2); break;
    }
    printf("\n");
}
```

4. 编程题

(1) 求 1-3+5-7+…-99+101 的值。

(2) 任意输入小于 32768 的正整数 s，从 s 的个位开始输出每一位数字，用逗号分开。

(3) 输入 6 个学生的 5 门课成绩，分别求出每个学生的平均成绩。

(4) 打印出所有的“水仙花数”，所谓“水仙花数”是指一个三位数，其各位数字的立方和等于该数本身。例如，153 是一水仙花数，因为 $153=1^3+5^3+3^3$。

(5) 用 200 元买苹果、西瓜和梨共 100 个，3 种水果都要。已知苹果 2 元一个，西瓜 20 元一个，梨 1 元一个。问可以各买多少个？输出全部购买方案。

(6) 编写程序实现输入整数 n 后输出如下所示的由数字组成的菱形(其中 n=5)。

```
        1
      1 2 1
    1 2 3 2 1
  1 2 3 4 3 2 1
1 2 3 4 5 4 3 2 1
  1 2 3 4 3 2 1
    1 2 3 2 1
      1 2 1
        1
```

第6章　数　　组

数组是几乎每一种高级语言都提供的数据类型，使用数组可以有序地存放一组相关的并且具有相同类型的数据。本章主要介绍数值型数组和字符型数组的定义和引用方法。

本章内容：

- 数值型数组的定义和引用。
- 字符型数组的定义和引用。
- 字符串的处理。

学习目标：

- 了解数组的概念，掌握数组的定义方法。
- 掌握数组的初始化，能正确地引用数组。
- 了解字符数组与字符串的区别和联系，能够运用字符数组存储和处理字符串。
- 在实际编程中能够灵活地运用数组来解决实际问题。

本章任务：

在实际编程中，常常会对大批量的、相对有一定内在联系的数据进行处理。本章要完成的任务就是处理一批学生成绩，要求分别输入一组学生的姓名、大学语文成绩、高等数学成绩和C语言成绩，最后按总成绩从高到低的顺序输出每个学生的总成绩和平均成绩。

任务可以分解为三部分：

- 单一科目成绩(一维数组)的输入、输出和处理。
- 多种科目成绩(二维数组)的输入、输出和处理。
- 姓名(字符串)的输入、输出和处理。

6.1　一维数组的定义和引用

6.1.1　一维数组的定义

数组是有序的并具有相同类型的数据的集合。例如，一组学生的成绩、一串文字等都可以用数组来表示。同一数组中的各个元素具有相同的数组名和不同的下标。

1. 一维数组定义的一般形式

与简单变量的使用一样，在使用数组之前必须先定义数组，其一般形式为：

```
类型声明符　数组名[常量表达式];
```

例如：

```
int number[10];
```

该语句定义了一个名为 number 的整型数组，数组中共有 10 个元素。

说明：

- 类型声明符：类型声明符定义了数组的类型。数组的类型也是该数组中各个元素的类型，在同一数组中，各个数组元素都具有相同的类型。
- 数组名：数组名的命名规则与变量名相同，即遵循标识符的命名规则。
- 常量表达式：数组名后面用方括号括起来的常量表达式，表示数组中元素的个数，即数组的长度。需要注意的是，常量表达式中可以包含常量或符号常量，但不能包含变量，也就是说，C 语言中不允许对数组的大小做动态定义。

  例如，下面这种定义数组的方法是非法的：

  ```
  int n;
  scanf("%d", &n);
  int a[n];               /* 非法的数组定义！ */
  ```

- 若数组长度为 n，则数组中第一个元素的下标为 0，最后一个元素的下标为 n-1。例如，若定义了数组：int number[10]; 则 number 数组中的 10 个元素分别为 number[0]、number[1]、number[2]、...、number[9]。

2. 一维数组的机内表示

数组是一组有序的数据，其有序表现在同一数组中各个元素在内存中的存放顺序上。C 语言编译程序分配一片连续的存储单元来存放数组中各个元素的值。

例如，若定义了下面的数组：

```
int a[20];
```

则 a 数组中的各个元素在内存中的存储顺序如图 6.1 所示。

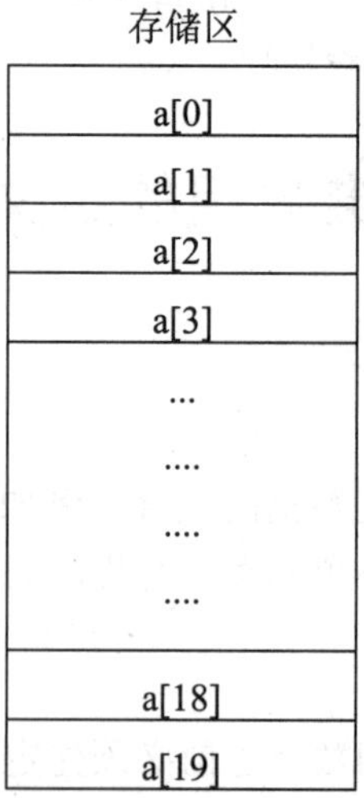

存储区
a[0]
a[1]
a[2]
a[3]
... .
a[18]
a[19]

图 6.1　a 数组中各个元素在内存中的存储顺序

可以看出，下标相邻的数组元素在内存中占有相邻的存储单元。

6.1.2 一维数组的引用

在 C 语言中，使用数值型数组时，只能逐个引用数组元素，而不能一次引用整个数组。数组元素的引用是通过下标来实现的。

一维数组中数组元素的表示形式为：

```
数组名[下标]
```

说明：

- 引用数组元素时，下标可以是任何整型常量、整型变量或任何返回整型量的表达式。例如：number[5]、mark[6-2]、a[n](n 必须是一个整型变量，并且必须具有确定的值)、number[5]=mark[0]+mark[1]。
- 如果一维数组的长度为 n，则引用该一维数组的元素时，下标的范围为 0~n-1。例如，若有定义 int a[20]; 则各个数组元素顺序为 a[0]、a[1]、a[2]、a[3]、...、a[19]，不存在 a[20]元素。
- 对数组元素可以赋值，数组元素也可以参加各种运算，这与简单变量的使用是一样的。

【例 6.1】一维数组的引用。程序代码如下：

```
#include <stdio.h>
main()
{
   int i, a[5];
   for(i=0; i<5; i++)
      a[i] = 1;
   for(i=0; i<5; i++)
      printf("a[%d]=%d\n", i, a[i]);
}
```

运行结果：

```
a[0]=1
a[1]=1
a[2]=1
a[3]=1
a[4]=1
```

程序说明：

程序中的第一个 for 循环使 a[0]到 a[4]的值分别为 1，第二个 for 循环则顺序输出 a[0]到 a[4]的值。

【例 6.2】输入 6 个数，求这组数中的最大值和最小值。程序代码如下：

```
#include <stdio.h>
#define N 6
main()
{
   int i;
```

```
    float num[N], max, min;  /* max 和 min 分别存放最大值和最小值 */
    for (i=0; i<N; i++)   /* 输入 N 个数 */
    {
        printf("%d: ", i+1);
        scanf("%f", &num[i]);
    }
    max = min = num[0];   /* 用第一个数即 num[0]来初始化 max 和 min */
    for(i=1; i<N; i++)
    {
        if (num[i] > max) max = num[i];
        else if (num[i] < min) min = num[i];
    }
    printf("max=%.2f\n", max);
    printf("min=%.2f\n", min);
}
```

运行结果：

```
1: 36.2 ↙
2: 20 ↙
3: 120.9 ↙
4: -30.5 ↙
5: 68 ↙
6: 102 ↙
max=120.90
min=-30.50
```

程序说明：

在上面的程序中，使用数组 num 存放输入的 6 个数，变量 max、min 分别存放这组数中的最大值和最小值。首先，用 num 数组中的第一个元素(即 num[0]元素的值)来初始化 max 变量，再通过循环语句，依次把 num[1] ~ num[5]的值与 max 相比较，如果数组元素的值比 max 的值大，则把该元素的值赋给 max。程序使用类似的方法，求得了这组数中的最小值。

【例 6.3】输入 10 个学生的考试成绩，输出这 10 个学生的总成绩和平均成绩。程序代码如下：

```
#include <stdio.h>
#define N 10
main()
{
    int i, score[N], sum;     /* sum 存放总成绩 */
    float average;            /* average 存放平均成绩 */
    printf("Input %d scores :\n", N);
    for(i=0; i<N; i++)    /* 输入 10 个学生的考试成绩 */
        scanf("%d", &score[i]);
    sum = 0;
    for(i=0; i<N; i++)    /* 求总成绩 */
```

```
        sum += score[i];
    average = (float)sum / N;    /* 求平均成绩 */
    printf("sum = %d\n", sum);
    printf("average = %.2f", average);
}
```

运行结果：

```
Input 10 scores:
82 91 88 70 85 93 67 73 80 77 ↙
sum = 806
average = 80.60
```

程序说明：

程序中使用了两个 for 循环，分别用于输入 10 个学生的考试成绩和计算 10 个学生的总成绩。这两个 for 循环也可以合并成一个循环。改进后的程序如下：

```
#include <stdio.h>
#define N 10
main()
{
    int i, score[N], sum ;      /* sum 存放总成绩 */
    float average;              /* average 存放平均成绩 */
    sum = 0;
    printf("Input %d scores :\n", N);
    for(i=0; i<N; i++)    /* 输入 10 个学生的考试成绩 */
    {
        scanf("%d", &score[i]);
        sum += score[i];
    }
    average = (float)sum/N;    /* 求平均成绩 */
    printf("sum = %d\n", sum);
    printf("average = %.2f", average);
}
```

【例 6.4】分别输入 5 个学生的语文成绩、数学成绩和 C 语言成绩，求每个学生的总成绩和平均成绩。编写程序代码如下：

```
#include <stdio.h>
#define N 5
main()
{
    /* 数组 score1、score2、score3 分别存放 3 门课程的成绩，数组 sum 存放总成绩 */
    int score1[N], score2[N], score3[N], sum[N];
    int i;
    for(i=0; i<N; i++)
    {
        printf("student %d : ", i+1);
        scanf("%d%d%d", &score1[i], &score2[i], &score3[i]); /*输入 3 门成绩 */
        sum[i] = score1[i] + score2[i] + score3[i];    /* 计算总成绩 */
    }
    printf("--------------------------------");
```

```
    for(i=0; i<N; i++)     /* 输出总成绩和平均成绩 */
    {
        printf("student %d: sum = %d   average = %.2f\n",
                i+1, sum[i], sum[i]/3.0);
    }
}
```

运行结果：

```
student 1:  83  90  86 ↙
student 2:  88  76  90 ↙
student 3:  68  72  87 ↙
student 4:  75  79  80 ↙
student 5:  90  95  92 ↙
--------------------------------
student 1:  sum = 259   average = 86.33
student 2:  sum = 254   average = 84.67
student 3:  sum = 227   average = 75.67
student 4:  sum = 234   average = 78.00
student 5:  sum = 277   average = 92.33
```

程序说明：

此例分别用了 3 个数组来存放每个学生的 3 门课程成绩，在后面的 6.2.3 节中，将看到如何使用一个二维数组来存放所有学生的全部成绩数据。

6.1.3 一维数组的初始化

使数组元素具有某个值的方法很多，例如，可以用赋值语句给数组元素赋值，也可以使用输入函数在程序运行时给数组元素赋值(如例 6.2 和例 6.3)，除此之外，还可以在定义数组时，对数组元素赋初值，即初始化数组。

(1) 定义一维数组时，数组元素的初值可依次放在一对花括号内，每个值之间用逗号间隔。例如：

```
int a[10] = {0, 1, 2, 3, 4, 5, 6, 7, 8, 9};
```

经过上面的初始化之后，数组元素 a[0]的值为 0，a[1]的值为 1，a[2]的值为 2，……，a[9]的值为 9。

(2) 可以只给一部分数组元素赋初值。例如：

```
int a[10] = {87, 35, 12, 54, 60, 58};
```

这里，只给前面的 6 个数组元素(a[0] ~ a[5])赋了初值，而后面 4 个没有赋初值的数组元素(a[6] ~ a[9])则被自动初始化为 0。

(3) 对全部的数组元素赋初值时，可以不指定数组的长度。例如：

```
int a[10] = {0, 1, 2, 3, 4, 5, 6, 7, 8, 9};
```

可以写成：

```
int a[] = {0, 1, 2, 3, 4, 5, 6, 7, 8, 9};
```

这里，由于花括号中有 10 个值，所以系统自动定义数组 a 的长度为 10。但如果希望数组的长度大于提供的初值的个数，那么在定义数组时，方括号内的长度值不能省略。

【例 6.5】 已知一组商品的单价，统计单价在 100 元(含 100 元)以上的商品数量。

编写程序代码如下：

```
#include <stdio.h>
main()
{
    float price[10] = {12.5, 28.9, 230, 121.2, 98.9, 83.1, 10, 38.8, 52, 110};
    int i, n=0;
    for (i=0; i<10; i++)
        if (price[i] >= 100) n++;
    printf("More than 100: %d", n);
}
```

运行结果：

```
More than 100: 3
```

在学习了上述相关知识之后，我们通过下例来完成本章开篇提出的任务之一。

【例 6.6】 输入 10 个学生的 C 语言考试成绩，用选择法将成绩由高到低排序，即根据考试成绩排出名次。

程序分析如下。

选择排序法的思路是：使用数组存放要排序的一组数(假设有 n 个数)，若要按从小到大的顺序排序，则首先从 n 个数中找出最小值，将它放在数组的第一个元素位置上，再在剩下的 n-1 个数中找出最小值，放在第二个元素位置上，……，这样不断重复下去，直到只剩下最后一个数为止。反之，若要按从大到小的顺序排序，则首先从 n 个数中找出最大值，将它放在数组的第一个元素位置上，再在剩下的 n-1 个数中找出最大值，放在第二个元素的位置上，……，这样不断重复下去，直到只剩下最后一个数为止。

例如，存放在数组 score 中的原始数据为：

80	56	83	79	91	58	64	85	90	60

第 1 步：将 score[0]的值依次与 score[1] ~ score[9](用 score[j]表示)相比较，如果 score[j]的值比 score[0]大，则交换 score[0]与 score[j]的值。第一轮交换的结果为：

91	56	80	79	83	58	64	85	90	60

显然，经过第一轮的比较，10 个数中的最大值 91 就被放在了第一个元素(score[0])的位置。

第 2 步：将 score[1]的值依次与 score[2] ~ score[9](用 score[j]表示)相比较，如果 score[j]的值比 score[1]大，则交换 score[1]与 score[j]的值。第二轮交换的结果为：

91	90	56	79	80	58	64	83	85	60

经过第二轮的比较，剩下 9 个数中的最大值 90 被放在了第二个元素(score[1])的位置。

第 3 步：将 score[2]的值依次与 score[3] ~ score[9](用 score[j]表示)相比较，如果 score[j]的值比 score[2]大，则交换 score[2]与 score[j]的值。第三轮交换的结果为：

91	90	85	56	79	58	64	80	83	60

经过第三轮的比较，剩下 8 个数中的最大值 85 被放在了第三个元素(score[2])的位置。

……

可以看出，如果要排序的数据个数为 n，则应该比较 n-1 轮。

源程序如下：

```
#include <stdio.h>
#define N 10
main()
{
    int score[N], t;
    int i, j;
    printf("输入 10 个成绩: \n", N);
    for(i=0; i<N; i++)
        scanf("%d", &score[i]);
    for(i=0; i<N-1; i++)
        for(j=i+1; j<N; j++)
            if(score[j] > score[i])
            {
                t = score[i];
                score[i] = score[j];
                score[j] = t;
            }
    printf("排序结果: \n");
    for(i=0; i<10; i++)
        printf("%d  ", score[i]);
}
```

运行结果：

```
输入 10 个成绩:
80  56  83  79  91  58  64  85  90  60 ↙
排序结果:
91  90  85  83  80  79  64  60  58  56
```

6.2　二维数组的定义和引用

6.2.1　二维数组的定义

1. 二维数组定义的一般形式

定义二维数组的一般形式为：

```
类型声明符  数组名[常量表达式 1][常量表达式 2];
```

例如：

```
float a[5][10];
```

该语句定义了一个名为 a 的 5×10 的二维数组，数组的类型为 float 型，数组中共有 50 个元素。

说明：

- 数组名后的常量表达式的个数称为数组的维数。每个常量表达式必须用方括号括起来，如下面是非法的定义方法：

  ```
  float a[5, 10];      /* 错误! */
  ```

- 二维数组中元素的个数 =(常量表达式 1)×(常量表达式 2)。
- 如果常量表达 1 的值为 n，常量表达式 2 的值为 m，则二维数组中第一个元素的下标为[0][0]，最后一个元素的下标为[n−1][m−1]。
- 一维数组通常用来表示一行或一列数据，而二维数组则通常用来表示呈二维表排列(即多行多列)的一组相关数据。

例如，下面的表 6.1 是一个存放学生成绩的数据表。

表 6.1 存放学生成绩的数据表

学生姓名	大学语文	高等数学	C 语 言
LinYu	81	76	90
WangHua	94	90	85
FengYunFei	78	65	58
MuShiShi	79	83	70

如果想用一个数组存放各个学生各门学科的成绩，则可定义如下二维数组：

```
int score [4][3];
```

该数组中的各个元素分别为：

```
score [0][0]    score [0][1]    score [0][2]
score [1][0]    score [1][1]    score [1][2]
score [2][0]    score [2][1]    score [2][2]
score [3][0]    score [3][1]    score [3][2]
```

这里，可以用数组元素 score [0][0]、score [0][1]、score [0][2]分别存放第一个学生的 3 门科目成绩，数组元素 score [1][0]、score [1][1]、score [1][2]分别存放第二个学生的 3 门科目成绩，等等。

2. 二维数组的机内表示

二维数组中的各个元素在机内是按行的顺序存放的，即先存放第一行的元素，再存放第二行的元素，以此类推。

例如 int score[4][3];二维数组，score 中的各个元素在机内的存储顺序如图 6.2 所示。

存储区
score[0][0]
score[0][1]
score[0][2]
score[1][0]
score[1][1]
score[1][2]
... ...
score[3][0]
score[3][1]
score[3][2]

图 6.2　二维数组 score 中的各个元素在机内的存储顺序

可以看出，无论是一维数组，还是二维数组或多维数组，在内存中都是线性存储的。事实上，我们可以把二维数组看作是一种特殊的一维数组，这个一维数组中的每一个元素又是一个一维数组。由于 C 语言对二维数组或多维数组是按行的顺序存放的，所以，第一维的下标变化最慢，而最后一维(即最右边)的下标变化最快。理解这一点，将有助于更好地使用数组进行编程。

6.2.2　二维数组的引用

二维数组中数组元素的表示形式为：

```
数组名[下标1][下标2]
```

说明：

- 与一维数组相同，二维数组元素的下标也可以是任何整型常量、整型变量或返回整型量的表达式。
- 如果二维数组第一维的长度为 n，第二维的长度为 m，则引用该二维数组的元素时，第一个下标的范围为 0～n-1，第二个下标的范围为 0～m-1。

例如：

```
int a[3][4];
```

则各个数组元素顺序为：

```
a[0][0]  a[0][1]  a[0][2]  a[0][3]
a[1][0]  a[1][1]  a[1][2]  a[1][3]
a[2][0]  a[2][1]  a[2][2]  a[2][3]
```

【例 6.7】二维数组的引用。程序代码如下：

```
#include <stdio.h>
main()
{
    int a[3][4];
```

```
    int i, j;
    printf("输入12个整数 : \n");
    for(i=0; i<3; i++)          /* 变量i表示第一维下标的变化 */
        for(j=0; j<4; j++)          /* 变量j表示第二维下标的变化 */
            scanf("%d", &a[i][j]);
    for(i=0; i<3; i++)          /* 顺序输出二维数组中各个元素的值 */
    {
        for(j=0; j<4; j++)
            printf("%5d", a[i][j]);
        printf("\n");
    }
}
```

运行结果：

```
输入12个整数 :
67  86  58  65  89  98  72  75  80  89  50  72 ↙
   67   86   58   65
   89   98   72   75
   80   89   50   72
```

6.2.3 二维数组的初始化

可以使用下面的方法来初始化二维数组。

(1) 分行给二维数组赋初值。例如：

```
int b[3][4] = {{1, 2, 3, 4}, {5, 6, 7, 8}, {9, 10, 11, 12}};
```

第一对花括号内的数值赋给数组b第一行的元素，第二对花括号内的数值赋给第二行的元素，……，以此类推。

(2) 也可以把所有的数据都写在一对花括号内。例如：

```
int b[3][4] = {1, 2, 3, 4, 5, 6, 7, 8, 9, 10, 11, 12};
```

但这种初始化二维数组的方法不如第一种方法直观。

(3) 可以只对二维数组的部分元素赋初值。例如：

```
int b[3][4] = {{1}, {2}, {3}};
```

这时，b[0][0]的值为1，b[1][0]的值为2，b[2][0]的值为3。又如：

```
int b[3][4] = {{1}, {2, 3}};
```

这时，b[0][0]的值为1，b[1][0]的值为2，b[1][1]的值为3。

(4) 如果对二维数组的全部元素赋初值，则定义二维数组时，第一维的长度可以省略，但第二维的长度不能省。例如：

```
int b[3][4] = {{1, 2, 3, 4}, {5, 6, 7, 8}, {9, 10, 11, 12}};
```

可以写成：

```
int b[][4] = {{1, 2, 3, 4}, {5, 6, 7, 8}, {9, 10, 11, 12}};
```

【例 6.8】将表 6.2 的学生成绩赋给数组 score，并依次显示每个学生各门学科的成绩。

表 6.2　学生成绩表

学生姓名	大学语文	高等数学	C 语言
LinYu	81	76	90
WangHua	94	90	85
FengYunFei	78	65	58
MuShiShi	79	83	70

源程序如下：

```
#include <stdio.h>
main()
{
    int score[4][3] =
          {{81, 76, 90}, {94, 90, 85}, {78, 65, 58}, {79, 83, 70}};
    int i, j;
    printf("%25s%15s%15s\n", "Chinese", "Math", "C Program");
    for(i=0; i<4; i++)
    {
        printf("%7s %d:", "student", i+1);
        for(j=0; j<3; j++)
            printf("%15d", score[i][j]);
        printf("\n");
    }
}
```

运行结果如图 6.3 所示。

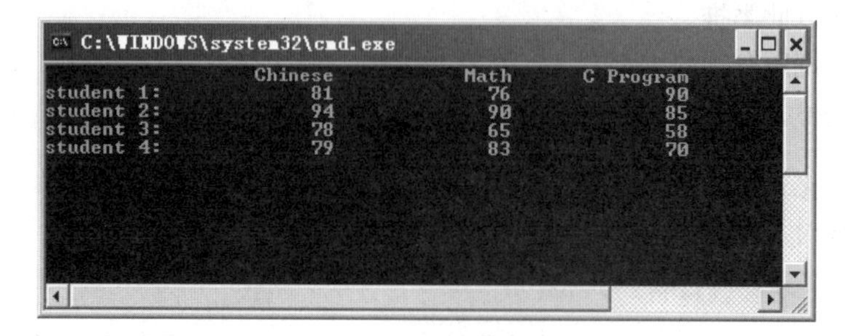

图 6.3　例 6.8 的运行结果

在学习了上述相关知识之后，我们通过下例来完成本章开篇提出的任务之二。

【例 6.9】分别输入 4 个学生的高等数学成绩、大学英语成绩和 C 语言成绩，求每个学生的总成绩和平均成绩。

程序分析：

在前面的例 6.4 中，分别使用了 3 个数组来存放每个学生的 3 门课程成绩。而在本例中，我们将使用一个二维数组来存放所有学生的全部成绩数据，这样，可以精简程序代码。

源程序如下：

```
#include <stdio.h>
#include <windows.h>
#define N 4
void gotoxy(int x, int y)  // 光标定位函数
{
   HANDLE hout;
   COORD coord;
   coord.X = x;
   coord.Y = y;
   hout = GetStdHandle(STD_OUTPUT_HANDLE);
   SetConsoleCursorPosition(hout, coord);
}
main()
{
    int score[N][3], sum[N]; /* 数组 score 存放学生成绩，sum 存放学生的总成绩 */
    int i, j;
    printf("输入学生成绩并按回车键：\n");
    printf("%15s%15s%15s%15s\n", "序号", "数学", "英语", "C 语言");
    for(i=0; i<N; i++)
    {
        sum[i] = 0;
        printf("%15d", i+1);     /* 输出学生序号 */
        for(j=0; j<3; j++)
        {
            gotoxy(12+(j+1)*15, 2+i); /*将光标定位到坐标(12+(j+1)*15,2+i)处*/
            scanf("%d", &score[i][j]); /* 输入各科成绩 */
            sum[i] = sum[i] + score[i][j];  /* 求总成绩 */
        }
    }
    printf("\n%15s%15s%15s\n", "序号", "总分", "平均分");
    for(i=0; i<N; i++)
    {
        printf("%15d%15d%15.2f\n", i+1, sum[i], sum[i]/3.0);
    }
}
```

运行结果：

```
输入学生成绩并按回车键：
           序号         数学          英语          C 语言
             1          82↙           76↙           80↙
             2          78↙           90↙           81↙
             3          87↙           88↙           83↙
             4          60↙           76↙           78↙
           序号         总分          平均分
             1          238           79.33
             2          249           83.00
             3          258           86.00
             4          214           71.33
```

程序说明：

为了使程序的运行结果更加一目了然，本程序的数据输入和输出均采用了表格的形式。

程序中 gotoxy()函数的功能是实现光标定位，使用该函数可以自由定位数据输入及输出的位置。

6.3 字符数组

存放数值型数据的数组为数值型数组，如整型数组、单精度型数组等。而字符型数组则是指专门用来存放字符型数据的数组，其中的每个元素存放一个字符。字符数组既具有普通数组的一般性质，又具有某些特殊性质。

6.3.1 字符数组的定义和初始化

1. 字符数组的定义

定义字符数组与前面介绍的定义数值型数组的方法类似，例如：

```
char ch[10];
```

上面的语句定义了一个名为 ch 的字符数组，数组的长度为 10。注意，字符数组中的每一个元素只能存放一个字符，例如：

```
ch[0] = 'h';
ch[1] = 'a';
ch[2] = 'p';
```

2. 字符数组的初始化

(1) 用单个的字符常量对字符数组初始化。例如：

```
char ch[] = {'h', 'a', 'p', 'p', 'y'};
```

由于花括号中有 5 个字符常量，所以系统将确定字符数组 ch 的长度为 5。初始化后，ch 数组中各元素的内容如图 6.4 所示。

ch[0]	‘h’
ch[1]	‘a’
ch[2]	‘p’
ch[3]	‘p’
ch[4]	‘y’

图 6.4 ch 数组中各元素的内容(用单个的字符常量初始化)

(2) 用字符串常量对字符数组初始化。例如：

```
char ch[] = "happy";
```

虽然字符串“happy”中只包含了 5 个字符，但系统却将字符数组 ch 的长度确定为 6。这是因为在编译过程中，系统会自动在每一个字符串的末尾都加上一个空字符 ‘\0’，来作为字符串的结束标志。

所以，经过上面的初始化之后，ch 数组中各元素的内容如图 6.5 所示。

ch[0]	'h'
ch[1]	'a'
ch[2]	'p'
ch[3]	'p'
ch[4]	'y'
ch[5]	'\0'

图 6.5　ch 数组中各元素的内容(用字符串常量初始化)

6.3.2　字符数组的引用

与数值型数组相同，字符数组的引用也可以通过对数组元素的引用来实现。

【例 6.10】字符数组的引用。程序代码如下：

```
#include <stdio.h>
main()
{
    char ch[] =
    {'I', ' ', 'a', 'm', ' ', 'a', ' ', 's', 't', 'u', 'd', 'e', 'n', 't'};
    int i;
    for(i=0; i<14; i++)
        printf("%c", ch[i]);
}
```

运行结果：

```
I am a student
```

【例 6.11】二维字符数组的初始化和引用。程序代码如下：

```
#include <stdio.h>
main()
{
    char name[3][8] = {"Tom" , "Luke" , "Jessi"} ;
    int i, j;
    for (i=0; i<3; i++)
    {
        for (j=0; j<8; j++)
            putchar(name[i][j]);
        putchar('\n');
    }
}
```

运行结果：

```
Tom
Luke
Jessi
```

6.3.3 字符数组与字符串

当字符数组作为一个普通的数组来使用时，其用法与数值型数组(如整型数组、实型数组等)的使用相同，这种情况下对字符数组的输入、输出、引用等都是针对单个的数组元素(即一个字符)进行的。

C 语言中，字符数组还有一个最重要的作用，就是用来存贮及处理字符串。C 语言中有字符串常量，却没有字符串变量。字符串的输入、存储、处理和输出等操作，都必须通过字符数组来实现。

【例 6.12】输出一个字符串。程序代码如下：

```
#include <stdio.h>
main()
{
    char ch[] = "I am a student";    /* 用字符串常量对字符数组初始化 */
    printf("%s", ch);                /* 输出字符数组 ch 中存放的字符串 */
}
```

运行结果：

```
I am a student
```

程序说明：

在程序语句 printf("%s", ch);中，"%s"表示以字符串的形式输出数据。这里，引用字符数组 ch 时，只给出了数组名，而没有使用下标，这是因为 C 语言中把数组名作为该数组的首地址，即数组中第一个元素的存储地址，当以字符串的形式输出字符数组 ch 中的内容时，系统会根据 ch 数组的首地址，自动从 ch[0]元素开始顺序输出各个元素的值(字符形式)，直到遇到字符串的结束标志 '\0' 为止。

注意，这种直接使用数组名，把字符数组当作一个整体来处理的做法，只适用于字符型数组，而不适用于数值型数组。

6.3.4 字符串的输入、输出和处理函数

1. 字符串的输入

用于字符串输入的常用函数有两个：scanf 和 gets。

若有：

```
char ch[5];
```

则可以用以下几种方法将一个字符串输入到字符数组 ch 中。

(1) 使用 scanf 函数通过循环逐一输入字符：

```
for(i=0; i<5; i++)
    scanf("%c", &ch[i]);
```

这里，通过运用循环语句，依次为数组的每一个元素输入一个字符。"%c"表示以字符的形式输入数据。

(2) 使用scanf函数按字符串格式输入：

```
scanf("%s", ch);
```

“%s”表示以字符串的形式输入数据。注意，不能在数组名ch的前面加上取地址符&，因为数组名ch已经代表了数组的首地址。

用这种方法输入字符串时，除了输入的字符串本身的内容被存入到数组ch中外，字符串末尾的结束标志‘\0’也会被存入到数组中。

需要注意的是，用scanf()函数以“%s”的形式输入字符串时，存入到字符数组中的内容开始于输入字符中的第一个非空白字符，而终止于下一个空白字符(包括‘\n’、‘\t’、‘ ’)。

例如：

```
char ch[6];
scanf("%s", ch);
```

若输入：

```
How  are  you ↙
```

则数组ch中的实际内容如下：

ch[0]	ch[1]	ch[2]	ch[3]	ch[4]	ch[5]
H	o	w	‘\0’		

若要输入包含空白字符(如空格)在内的字符串，则可使用gets函数。

(3) 使用gets函数输入。

gets函数的作用是输入一个字符串，其调用的一般形式为：

```
gets(字符数组名);
```

与scanf()函数使用“%s”输入字符串不同的是，gets函数可以将输入的换行符之前的所有字符(包括空格)都存入到字符数组中，最后加上字符串结束标志‘\0’。

在程序中使用gets函数时，需要包含头文件stdio.h。

【例6.13】输入一行字符，统计其中的空格数。程序代码如下：

```
#include <stdio.h>
main()
{
   char str[80];
   int i, n=0;      /*  变量n用于为空格计数  */
   printf("Input a string:\n");
   gets(str);       /*  输入字符串  */
   for (i=0; str[i]!='\0'; i++)
      if  (str[i]==' ') n++;
   printf("The number of spaces is: %d", n);
}
```

运行结果：

```
Input a string:
My name is XiangHua. ↙
The number of spaces is: 3
```

2. 字符串的输出

用于字符串输出的常用函数有两个：printf 和 puts。

若有：

```
char ch[] = "How are you";
```

则可以用以下几种方法输出字符数组 ch 中的内容。

(1) 使用 printf 函数通过循环逐一输出字符：

```
for(i=0; i<11; i++)
   printf("%c", ch[i]);
```

这种方法是分别引用字符数组中的每一个元素，一个一个地输出数组元素中的字符。

(2) 使用 printf 函数按字符串格式输出：

```
printf("%s", ch);
```

这种方法是以字符串的形式，一次输出整个字符数组中的所有字符。

(3) 使用 puts 函数输出。

puts 函数的作用是输出一个字符串，其调用的一般形式为：

```
puts(字符数组名或字符串常量);
```

与 printf 函数不同的是，puts 函数输出字符串时，会自动在字符串的末尾输出一个换行符 '\n'。

在程序中使用 puts 函数时，需要包含头文件 stdio.h。

【例 6.14】 输入和输出字符串。程序代码如下：

```
#include <stdio.h>
main()
{
   char str1[]="Hello", str2[20];
   printf("Input your name : \n");
   gets(str2);
   printf("%s  %s !", str1, str2);
}
```

运行结果：

```
Input your name :
Xiang  Hua ↙
Hello  Xiang  Hua !
```

【例 6.15】 使用直接输出字符串的方式，改写例 6.11。程序代码如下：

```
#include <stdio.h>
main()
{
   char name[3][8] = {"Tom", "Luke", "Jessi"} ;
   int i, j;
   for (i=0; i<3; i++)
```

```
        printf("%s\n", name[i]);    /* 此句也可写成：puts(name[i]); */
}
```

运行结果：

```
Tom
Luke
Jessi
```

在学习了上述相关知识之后，我们通过下例来完成本章开篇提出的任务之三。

【例 6.16】根据表 6.3 的内容输入每个学生的姓名及各门课程的成绩，然后依次输出每个学生的姓名及总成绩和平均成绩。

表 6.3　学生成绩表

学生姓名	大学语文	高等数学	C 语言
LinYu	81	76	90
WangHua	94	90	85
FengYunFei	78	65	58
MuShiShi	79	83	70

程序代码如下：

```
#include <stdio.h>
#include <windows.h>
#define N 4
void gotoxy(int x, int y)  // 光标定位函数
{
   HANDLE hout;
   COORD coord;
   coord.X = x;
   coord.Y = y;
   hout = GetStdHandle(STD_OUTPUT_HANDLE);
   SetConsoleCursorPosition(hout, coord);
}
main()
{
    char name[N][20];  // 数组 name 存放学生姓名
    int score[N][3], sum[N];
    // 数组 score 存放学生成绩，数组 sum 存放学生的总成绩

    int i, j;
    printf("输入学生姓名和成绩，按回车确定： \n\n");
    printf("%15s%15s%15s%15s\n", "姓名", "语文", "数学", "C 语言");
    for(i=0; i<N; i++)
    {
        sum[i] = 0;
        gotoxy(11, 3+i);   // 设置数据输入的位置
        scanf("%s", name[i]);        // 输入学生姓名
```

```
        for(j=0; j<3; j++)
        {
            gotoxy(11+(j+1)*15, 3+i);
            // 将光标定位到坐标(11+(j+1)*15, 3+i)处

            scanf("%d", &score[i][j]);    // 输入各科成绩
            sum[i] = sum[i] + score[i][j];  // 求总成绩
        }
    }
    printf("\n*******************************************\n\n");
    printf("%15s%15s%15s\n", "姓名", "总分", "平均分");
    for(i=0; i<N; i++)
    {
        printf("%15s%15d%15.2f\n", name[i], sum[i], sum[i]/3.0);
    }
}
```

运行结果如图 6.6 所示。

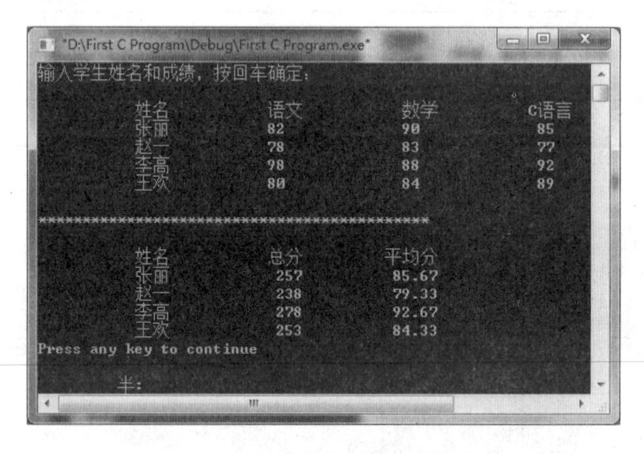

图 6.6　例 6.16 的运行结果

3. 常用字符串处理函数

字符串的处理是程序设计中常遇到的问题，C 语言提供了许多专门用于处理字符串的函数，下面重点介绍最常用的 strlen 函数、strcat 函数、strcmp 函数和 strcpy 函数。使用这些函数时，需要包含头文件 string.h。

1) strlen 函数

strlen 函数的作用是测试字符串的长度，其调用的一般形式为：

```
strlen(字符数组名或字符串常量)
```

该函数的返回值即为字符串的长度。注意，字符串的长度并不包括字符串的结束标志'\0'。

【例 6.17】strlen 函数应用示例一。输入一行字符，统计输入的字符数量。代码如下：

```
#include <stdio.h>
#include <string.h>
```

```
main()
{
    char str[80];
    int i;
    printf("Input a string: \n");
    gets(str);
    printf ("The number of characters is :  %d", strlen(str));
}
```

运行结果：

```
Input a string:
My name is XiangHua. ↙
The number of characters is : 20
```

【例 6.18】 strlen 函数应用示例二。输入一个字符串，然后按相反的顺序输出各个字符。程序代码如下：

```
#include <stdio.h>
#include <string.h>
main()
{
    char str[80];
    int i;
    printf("Input a string : \n");
    gets(str);
    for(i=strlen(str)-1; i>=0; i--)
    printf("%c", str[i]);
}
```

运行结果：

```
Input a string :
student ↙
tneduts
```

2) strcat 函数

strcat 函数的作用是连接两个字符串，其调用的一般形式为：

```
strcat(字符数组1, 字符数组2);
```

strcat()函数把字符数组 2 连接到字符数组 1 的后面，连接的结果仍放在字符数组 1 中。需要注意的是，定义字符数组 1 时，其长度应该足够大，否则就没有多余的空间来存放连接后产生的新字符串。

【例 6.19】 strcat 函数应用示例。连接输入的两个字符串，并输出连接后的结果。

程序代码如下：

```
#include <stdio.h>
#include <string.h>
main()
{
    char str1[30], str2[20];
    printf("输入第一个字符串: ");
```

```
    gets(str1);
    printf("输入第二个字符串: ");
    gets(str2);
    strcat(str1, str2);
    printf("连接后的字符串 : %s\n", str1);
}
```

运行结果：

```
输入第一个字符串: I  am  a ↙
输入第二个字符串: student ↙
连接后的字符串 : I  am  a  student
```

3)　strcmp 函数

strcmp 函数的作用是比较两个字符串的大小，其调用的一般形式为：

```
strcmp(字符串 1, 字符串 2)
```

- 如果字符串 1 = 字符串 2，则函数返回 0。
- 如果字符串 1 > 字符串 2，则函数返回正数。
- 如果字符串 1 < 字符串 2，则函数返回负数。

【例 6.20】 strcmp 函数应用示例。比较输入的两个字符串是否相同。

程序代码如下：

```
#include <stdio.h>
#include <string.h>
main()
{
    char str1[80], str2[80];
    printf("输入第一个字符串: ");
    gets(str1);
    printf("输入第二个字符串: ");
    gets(str2);
    if(strcmp(str1, str2) == 0)
        printf("这两个字符串相同。\n");
    else
        printf("这两个字符串不同。\n");
}
```

运行结果：

```
输入第一个字符串: Hello ↙
输入第二个字符串: Welcome ↙
这两个字符串不同。
```

4)　strcpy 函数

strcpy 函数的作用是复制字符串，其调用的一般形式为：

```
strcpy(字符数组 1, 字符串 2)
```

strcpy 函数把字符串 2 的内容复制到字符数组 1 中。这里，字符串 2 可以是字符数组名，也可以是字符串常量，而字符数组 1 则只能是字符数组名。

注意，不能使用赋值语句将一个字符串常量或字符数组直接赋值给一个字符数组，例如下面的语句是错误的：

```
str = "Welcome";        /* 错误！ */
str1 = str2;            /*错误！ */
```

若要把字符串“Welcome”放到字符数组 str 中，则可使用 strcpy 函数：

```
strcpy(str, "Welcome");
```

【例 6.21】 strcpy 函数应用示例。交换两个字符数组 str1 和 str2 的内容。

程序代码如下：

```
#include <stdio.h>
#include <string.h>
main()
{
    char str1[40], str2[40], temp[40];
    printf("输入字符串 1: ");
    gets(str1);
    printf("输入字符串 2: ");
    gets(str2);
    strcpy(temp, str1);
    strcpy(str1, str2);
    strcpy(str2, temp);
    printf("字符串 1: %s\n", str1);
    printf("字符串 2: %s\n", str2);
}
```

运行结果：

```
输入字符串 1: hello ↙
输入字符串 2: welcome ↙
字符串 1: welcome
字符串 2: hello
```

通过上述学习，读者已经掌握了必备的知识，现在可以通过下例来完成本章开篇提出的主要任务。

【例 6.22】 根据前面表 6.3 的内容，依次输入每个学生的姓名、大学语文成绩、高等数学成绩和 C 语言成绩，最后按总成绩从高到低的顺序输出每个学生的名次、姓名、总成绩和平均成绩。

程序分析：

此程序可由三大部分组成，即数据输入(输入学生姓名和各科成绩)、数据排序、数据输出(输出每个学生的名次、姓名及总成绩和平均成绩)。按学生的总成绩进行排序时，可使用前面例 6.6 中介绍的选择排序法，但要注意的是，由于需要使用两个不同的数组来分别存放学生姓名和学生总成绩，因此，在排序的过程中，交换总成绩数组相关元素的同时，还必须交换姓名数组中相对应的下标元素，这样才能保证下标相同的两个数组元素中存放的是同一个学生的姓名及总成绩。

源程序如下：

```
#include <stdio.h>
#include <string.h>
#include <windows.h>
#define N 4
void gotoxy(int x, int y)  // 光标定位函数
{
  HANDLE hout;
  COORD coord;
  coord.X = x;
  coord.Y = y;
  hout = GetStdHandle(STD_OUTPUT_HANDLE);
  SetConsoleCursorPosition(hout, coord);
}
main()
{
   char name[N][20], name_t[20];      /* 数组 name 存放学生姓名 */
   int score[N][3], sum[N];
   /* 数组 score 存放学生成绩，数组 sum 存放学生的总成绩 */
   int i, j, t;
   /* ------------------------ 数据输入 ------------------------- */
   printf("输入学生姓名和成绩，按回车键确定：\n\n");
   printf("%15s%15s%15s%15s\n", "姓名" , "语文", "数学", "C 语言");
   for(i=0; i<N; i++)
   {
      sum[i] = 0;
      gotoxy(11, 3+i);
      scanf("%s", name[i]);       /* 输入学生姓名 */
      for(j=0; j<3; j++)
      {
         gotoxy(11+(j+1)*15, 3+i);
         /* 将光标定位到坐标(11+(j+1)*15,3+i)处 */

         scanf("%d", &score[i][j]);   /* 输入各科成绩 */
         sum[i] = sum[i] + score[i][j];   /* 求总成绩 */
      }
   }
   /*------------------------ 数据排序 ------------------------*/
   for(i=0; i<N-1; i++)
      for(j=i+1; j<N; j++)
         if(sum[j] > sum[i])
         {
            t = sum[i];
            sum[i] = sum[j];
            sum[j] = t;
            strcpy(name_t, name[i]);
            strcpy(name[i], name[j]);
            strcpy(name[j], name_t);
         }
   /* ----------------------- 数据输出 -------------------------- */
```

```
    printf("\n**************************************\n\n");
    printf("%15s%15s%15s%15s\n", "名次", "姓名", "总分", "平均分");
    for(i=0; i<N; i++)
    {
        printf("%15d%15s%15d%15.2f\n", i+1, name[i], sum[i], sum[i]/3.0);
    }
}
```

运行结果如图 6.7 所示。

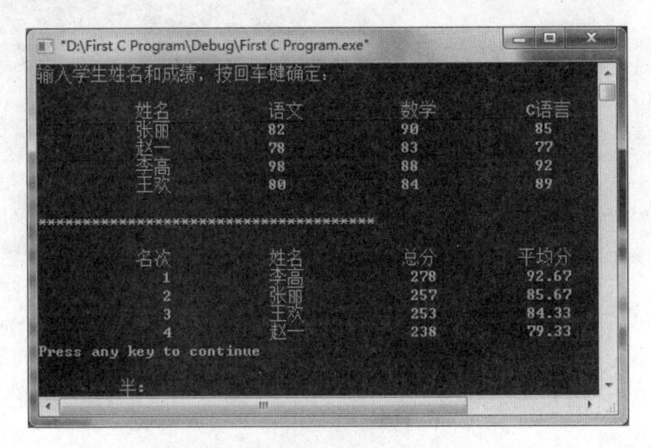

图 6.7 例 6.22 的运行结果

6.4 上机实训一：数值型数组

6.4.1 实训目的

(1) 熟练掌握数值型数组的定义和引用方法。

(2) 熟练掌握数值型数组的初始化方法。

(3) 在实际编程中能灵活运用数组处理一组具有共性的数据。

(4) 在调试程序的过程中，逐步熟悉一些与数组有关的出错信息，提高程序调试能力。

6.4.2 实训内容

1. 程序调试

上机调试下面的程序，修改其中存在的错误。

(1)

```
#include <stdio.h>
main()
{
    int b=5, i;
    int a[b] = {1, 2, 3, 4, 5};
```

```
    for(i=0; i<b; i++)
        printf("%d  ", a[i]);
}
```

(2)

```
#include <stdio.h>
main()
{
    int a[];
    int i, sum;
    for(i=0; i<=10; i++)
    {
        scanf("%d", &a[i]);
        sum += a[i];
    }
    printf("sum=%d", sum);
}
```

2. 运行与分析

运行如下程序，分析并观察运行结果：

```
#include <stdio.h>
main()
{
    int a[10] = {89, 67, 100, 64, 76, 90, 94, 52, 82, 90};
    int num, i;
    printf("Input a number: ");
    scanf("%d", &num);
    for(i=0; i<10; i++)
        if (a[i] == num)
            break;
    if (i < 10)
        printf("Find %d. Position:%d", num, i+1);
    else
        printf("Not find %d. ", num);
}
```

说明：

运行这个程序时分别输入下面 3 个数据，注意观察各自的输出结果。

(1) 输入数据一：

89 ↙

(2) 输入数据二：

120 ↙

(3) 输入数据三：

94 ↙

3. 填空并调试

完善程序。根据程序的功能，在程序中的横线处填写正确的语句或表达式，使程序完整。上机调试程序，使程序的运行结果与给出的结果一致。

(1) 输入20个整数，统计其中非负数个数，并求非负数之和。程序代码如下：

```
#include <stdio.h>
main()
{
    int i, num[20];
    int count, sum;
    count = 0;
    sum = 0;
    printf("输入20个整数：\n");
    for(i=0; i<20; i++)
    {
        scanf("%d", ________________);
        if(num[i]________________)
        {
            count++;
            sum = ____________________;
        }
    }
    printf("非负数的个数为：%d\n", count);
    printf("非负数之和为：%d", sum);
}
```

(2) 输入一组学生的语文成绩和数学成绩，求每个学生的平均成绩。要求按后面运行结果所示的格式输出数据。程序代码如下：

```
#include <stdio.h>
main()
{
    int score[40][3], i, j, num;
    float av[40];
    printf("输入学生人数(不超过40人)：");
    scanf("%d", &num);
    for(i=0; i<num; ________)
    {
        printf("输入第%d个学生的语文成绩和数学成绩：", i + 1);
        for(j=0; ________; j++)
            scanf("%d", &score[i][j]);
    }
    for(i=0; i<num; i++)
    {
        score[i][2] = 0;    /* score[i][2]存放总成绩 */
        for(j=0; j<2; j++)
            ____________________;      /* 求总成绩 */
        av[i] = ____________;          /* 求平均成绩 */
    }
```

```
    printf("%8s%10s%10s%10s%10s\n",
      "编号", "语文成绩", "数学成绩", "总成绩", "平均成绩");
    for(i=0; i<num; i++)
    {
       printf("%8d",________);          /* 输出编号 */
       for(j=0; j<3; j++)
          printf("%10d", __________);  /* 输出语文、数学和总成绩 */
       printf("%10.1f\n", _________);  /* 输出平均成绩 */
    }
}
```

运行结果：

```
输入学生人数(不超过 40 人): 4 ↙
输入第 1 个学生的语文成绩和数学成绩: 86  83 ↙
输入第 2 个学生的语文成绩和数学成绩: 75  81 ↙
输入第 3 个学生的语文成绩和数学成绩: 90  87 ↙
输入第 4 个学生的语文成绩和数学成绩: 65  74 ↙
    编号  语文成绩  数学成绩    总成绩  平均成绩
       1        86        83       169      84.5
       2        75        81       156      78.0
       3        90        87       177      88.5
       4        65        74       139      69.5
```

6.5　上机实训二：字符型数组

6.5.1　实训目的

(1) 熟练掌握字符数组的定义和引用方法。
(2) 熟练掌握字符数组的初始化方法。
(3) 掌握常用的字符串处理函数。

6.5.2　实训内容

1. 调试与修改

上机调试下面的程序，修改其中存在的错误。

(1) 程序代码如下：

```
#include <stdio.h>
main()
{
    char str[6] = "Hello!";
    puts(str);
}
```

(2) 程序代码如下：

```
#include <stdio.h>
main()
{
    char str[10];
    str = "Hello!";
    puts(str);
}
```

(3) 程序代码如下：

```
#include <stdio.h>
main()
{
    char str1[20], str2[20];
    gets(str1);
    gets(str2);
    if (str1 == str2)
        printf("Same");
    else
        printf("Different");
}
```

2. 填空并调试

完善程序。根据程序的功能，在程序中的横线处填写正确的语句或表达式，使程序完整。上机调试程序，使程序的运行结果与给出的结果一致。

(1) 下面是一个简单的输入密码程序，可以判断出输入的字符串是否与预先设置的密码相同：

```
#include <stdio.h>
#include <string.h>
main()
{
    char password[] = "hello";   /* 预先设置密码 */
    char str[20];
    printf("Enter the password: \n");
    gets(str);
    if(________________________________)
        printf("Correct! ");
    else
    {
        printf("__________________");
        exit(0);   /* 终止程序的运行 */
    }
    printf("Go on.");
}
```

运行结果之一：

```
Enter the password:
hello ↙
Correct! Go on.
```

运行结果之二：

```
Enter the password:
abcde ↙
Error!
```

(2) 原文变密码。原文变密码的规则是：Z 变 X，z 变 x，即变成该字母前面的第二个字母，而 A 变 Y，a 变 y，B 变 Z，b 变 z。原文中不是字母的字符不变。

程序代码如下：

```
#include <stdio.h>
main()
{
    char str1[80], str2[80]; /* str1 存放原文字符串，str2 存放密码字符串 */
    char ch;
    int i;
    puts("请输入原文：");
    ______________________________;
    i = 0;
    /* 开始扫描原文字符串，直到遇到字符串结束标志'\0'为止 */
    while(str1[i] != ______________________)
    {
        ch = str1[i];  /* 将扫描到的当前字符存放到字符变量 ch 中 */
        /* 判断 ch 是否为 c~z 或 C~Z 中的字母之一 */
        if(ch>='c' && ch<='z' || ch>='C' && ch<='Z')
            ch = ch - 2;
        else if(______________________________________)  /* 对前两个字母做处理 */
            ch = ch + 24;
        str2[i] = ch;     /* 将处理后的字符存入密码字符串中 */
        i++;    /* 扫描下一个字符 */
    }
    str2[i] = '\0'; /* 扫描结束后，在密码字符串的末尾加上字符串结束标志'\0' */
    puts("密码为：");
    printf("%s", ____________________________________);
}
```

运行结果：

```
请输入原文：
I am a student ↙
密码为：
G yk y qrsbclr
```

6.6　习　　题

1. 填空题

(1) 数组是一组具有相同__________________的数据的集合。

(2) 如果一个数组的长度为 30，则该数组中数组元素下标的最小值为________，最大值为__________。

(3) 若有 int a[]={10, 20, 30, 40, 50}; 则数组 a 的长度为____________。

(4) 在 C 语言中，没有字符串变量，字符串的存储是通过____________来实现的。

(5) strlen 函数的功能是____，strcmp 函数的功能是____，strcpy 函数的功能是____。

2. 选择题

(1) 定义一个有 100 个元素的 float 型数组，下面正确的语句是_______。

A. float a(100);　　　　B. float a[99];

C. float a[100];　　　　D. float a[101];

(2) 下面能正确地对数组 num 进行初始化的语句是_______。

A. int num[10]=1;　　　　B. int num[10]=(1, 2, 3);

C. int num[10]={};　　　　D. int num[]={1, 2, 3};

(3) 在 C 程序中，引用一个数组元素时，其下标的数据类型允许是_______。

A. 任何类型的表达式　　　　B. 整型常量

C. 整型表达式　　　　D. 整型常量或整型表达式

(4) 下面语句中正确的是_______。

A. char name []={‘T’, ‘o’, ‘m’};　　　　B. char name=“Tom”;

C. char name[3]=“Tom”;　　　　D. char name[]=‘T’, ‘o’, ‘m’, ‘\0’;

(5) 若有定义：char str[]=“Hello”; 则数组 str 所占的空间为_______。

A. 5 个字节　　　　B. 6 个字节

C. 7 个字节　　　　D. 8 个字节

3. 分析题

分析下列程序，写出运行结果。

(1) 程序代码如下：

```
#include <stdio.h>
main()
{
    int a[10], i;
    for(i=0; i<10; i++)
    {
```

```
        a[i] = i + 1;
        printf("a[%d]=%d\n", i, a[i]);
    }
}
```

(2) 程序代码如下:

```
#include <stdio.h>
main()
{
    int a[5] = {10, 20, 30, 40, 50};
    int b[5] = {1, 2, 3};
    int c[] = {0, 1, 2, 3};
    int i;
    printf("数组 a: ");
    for(i=0; i<5; i++)
        printf("%5d", a[i]);
    printf("\n");
    printf("数组 b: ");
    for(i=0; i<5; i++)
        printf("%5d", b[i]);
    printf("\n");
    printf("数组 c: ");
    for(i=0; i<4; i++)
        printf("%5d", c[i]);
}
```

(3) 程序代码如下:

```
#include <stdio.h>
main()
{
    char str[80];
    int i;
    gets(str);
    for(i=0; i<strlen(str); i++)
        printf("str[%d]=%c\n", i, str[i]);
}
```

4. 编程题

(1) 输入一组数，求其中的最大值和最小值，以及这组数的和及平均值。

(2) 判断一个浮点数是否在一个浮点型数组中。

(3) 输入二维数组 a[4][6]，输出其中的最大值及其对应的行列位置。

(4) 将一个字符串插入到另一个字符串的指定位置。例如，将字符串“abc”插入到字符串“123456”中的第 3 个位置，则插入后的结果应为“12abc3456”。

(5) 在一个能存放 10 个整数的数组中，存放了 9 个已按从小到大顺序排列的整数。现输入一个整数插入到该数组中，要求数组的各个元素仍然按从小到大的顺序排列。

(6) 输入一行字符，统计其中的字母个数以及数字个数。

第7章　函　　数

函数是实现了一定功能的、具有一定格式的程序段，是C语言程序的基本组成单位。C 语言通过函数支持并实现模块化程序设计思想，使得复杂问题得以轻松解决。本章主要介绍函数的定义和调用方法，以及与函数有关的一些基本概念。

本章内容：

- 函数的定义和调用。
- 函数参数和函数的返回值。
- 变量的作用域。

学习目标：

- 了解C语言函数的分类。
- 掌握函数的定义和调用方法。
- 了解局部变量和全局变量的概念及其作用范围。
- 在实际编程中能够合理地使用不同作用域的变量。

本章任务：

在前面第6章提出的任务中，实现了一个简单的学生成绩统计程序。本章的任务将在第6章任务的基础上，进一步扩充程序的功能，并采用模块化程序设计思想，通过不同的函数来实现菜单选择、学生成绩数据的录入、成绩查询、成绩统计、统计数据显示等多项功能。

任务可以分解为三部分:

- 程序模块的划分。
- 模块化程序设计的实现——函数的定义和调用。
- 数组作为函数参数。

7.1　函数概述

7.1.1　模块化程序设计思想

在进行程序设计时，如果遇到一个复杂的问题，那么最好的方法就是将原始问题分解成若干易于求解的小问题，每一个小问题都用一个相对独立的程序模块来处理，最后，再把所有的模块像搭积木一样拼合在一起，构成一个完整的程序。这种在程序设计中分而治之的策略，被称为模块化程序设计方法，这是结构化程序设计中的一条重要原则。

几乎所有的高级程序设计语言都提供了自己的实现程序模块化的方法(如子程序、过程和函数等)。在C语言中，由于函数是程序的基本组成单位，所以，可以很方便地利用函数来实现程序的模块化，这也是 C 语言的重要特色之一。

例如，要设计一个算术练习程序，要求这个程序能随机给出加、减、乘、除 4 种算术练习题，并能判断答题者的答案是否正确。根据程序的功能，可以把整个程序分成 5 大模块，其中，一个模块实现加、减、乘、除 4 种运算的菜单选择功能，另外 4 个模块分别实现 4 种运算的出题和对答案正误的判断。这里，菜单模块可用主函数来实现，通过主函数对另外 4 个函数的调用来把它们拼合起来。图 7.1 表示了这个程序的模块结构，在本章后面的综合项目实训中，将详细介绍这个算术练习程序的设计思路，并给出部分源程序清单。

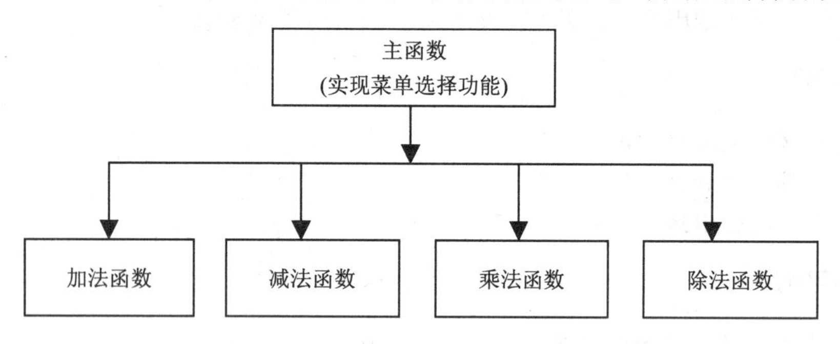

图 7.1　算术练习程序的模块结构

显然，利用函数不仅可以实现程序的模块化，使程序设计变得简单和直观，同时，也提高了程序的易读性和易维护性。而且，我们还可以把程序中需要多次执行的计算或操作编写成通用的函数，以备需要时调用。同一函数不论在程序中被调用多少次，在源程序中只需书写一次，编译一次，这样，就避免了大量的重复程序段，缩短了源程序的长度，也节省了内存空间，减少了编译时间。

C 语言通过函数来实现模块化程序设计，如图 7.2 所示。

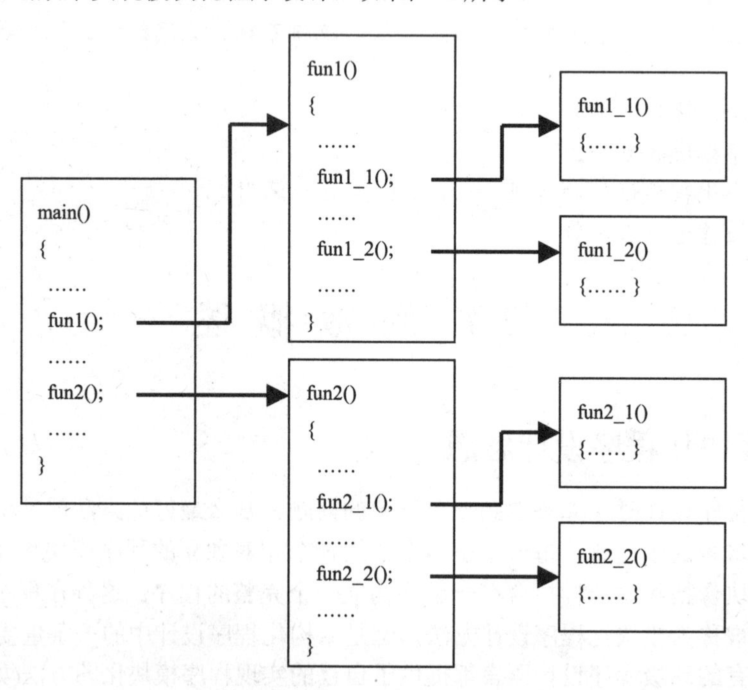

图 7.2　C 语言通过函数来实现模块化程序设计

C函数是一种独立性很强的程序模块，所有的函数都处于平等地位，不存在从属关系。一个C程序的各个函数既可以放在一个程序文件内，也可以分散地放在几个不同的程序文件中。通过函数调用可以实现不同函数之间的逻辑联系。一个C程序总是从main函数开始执行，由main函数调用其他函数，而其他函数之间又可以相互调用。

在图7.2中，某个程序执行时，由main函数调用fun1函数和fun2函数，fun1函数调用fun1_1函数和fun1_2函数，fun2函数又调用fun2_1函数和fun2_2函数。

7.1.2 C函数的分类

1. 从函数定义的角度分类

从函数定义的角度分类，可将C函数分为系统提供的库函数和用户自定义函数两大类：

- 系统提供的库函数。库函数是系统提供的已经定义好的函数，C语言提供了数百个库函数，编程时可直接调用库函数来完成各种各样的任务，用户在程序中调用库函数时无须做类型声明。例如，前面介绍的格式输入/输出函数scanf和printf函数，以及strcat、strcpy和strlen等字符串处理函数，都是库函数。
- 用户自定义函数。除了库函数之外，用户还可以根据自己的需要定义用于解决具体问题的函数，然后通过函数调用来实现所需的功能。本章主要介绍用户自定义函数的定义和调用方法，以及函数的参数传递。

下面程序中的pstar函数即是一个用户自定义函数。

【例7.1】一个简单的用户自定义函数。程序代码如下：

```
#include <stdio.h>
main()
{
   void pstar();      // 函数声明
   pstar();           // 第一次调用pstar()函数
   pstar();           // 第二次调用pstar()函数
}
void pstar()
{
   printf("********************\n");
}
```

运行结果：

```
********************
********************
```

程序说明：

- 此程序中包含两个函数，即main()函数和pstar()函数。pstar()是在main()之后定义的，所以，main()在调用pstar()之前，必须对pstar()函数进行声明。如果pstar()在main()之前定义，那么main()函数中就可以省去对pstar()函数的声明。默认的情况下，后定义的函数可以调用前面定义的函数。
- pstar()函数的功能是输出一行星号。main()函数调用了两次pstar()函数，因此运行结果中显示了两行星号。

2. 从有无参数的角度分类

从有无参数的角度，可将 C 函数分为无参函数和有参函数两类：

- 无参函数。无参函数是指不带任何参数的函数。在调用一个无参函数时，主调函数与被调函数之间不进行参数传递。例如，上面例 7.1 中的 pstar 函数就是一个无参函数。
- 有参函数。有参函数是指在函数定义和函数调用时带有参数的函数。函数定义时的参数称为形式参数(简称形参)，函数调用时的参数称为实际参数(简称实参)。在调用一个有参函数的时候，主调函数将实际参数的值传递给形式参数，供被调函数使用。

3. 从有无返回值的角度分类

从有无返回值的角度分类，可将 C 函数分为有返回值函数和无返回值函数两类：

- 有返回值函数。有返回值函数在被调用执行完后会向主调函数返回一个执行结果，这个结果就称为函数的返回值。如数学函数就属于有返回值函数。在定义一个有返回值函数时，应该对其返回值做类型说明。
- 无返回值函数。无返回值函数用于完成某项特定的处理任务，执行完后不向主调函数返回一个函数值。如前面例 7.1 中的 pstar 函数就是一个无返回值函数。通常，定义一个无返回值函数时，可声明其返回值类型为空类型，即 void 类型。

4. 从函数作用域的角度分类

从函数作用域的角度分类，可将 C 函数分为内部函数和外部函数两类：

- 内部函数。内部函数是指只能被本程序文件中的其他函数调用的函数。
- 外部函数。外部函数是指除了能被本程序文件中的其他函数调用之外，还可以被其他文件中的函数调用的函数。

在学习了上述相关知识之后，我们通过下例来完成本章开篇提出的任务之一。

【例 7.2】在设计一个较复杂的程序之前，可先根据程序要实现的功能划分程序模块，从而使复杂问题简单化，也使编程变得容易入手。本章最后要完成的任务是编写一个学生成绩统计程序，其功能包括菜单选择、学生成绩数据的录入、成绩查询、成绩统计、成绩排名。

根据程序的功能，可按如图 7.3 所示划分程序的模块结构。

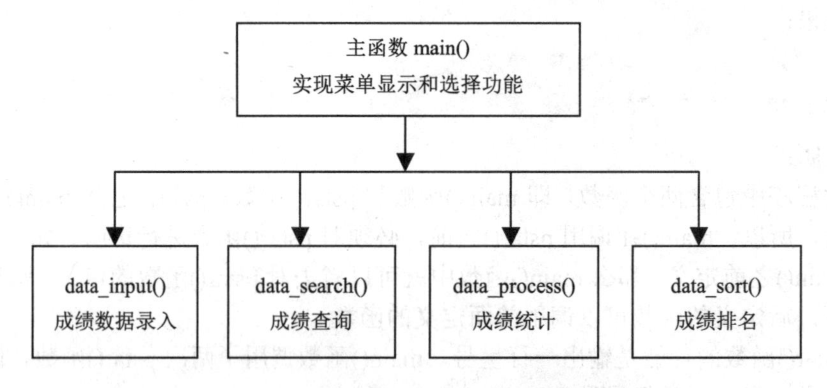

图 7.3　学生成绩统计程序的模块结构

7.2 函数的定义

7.2.1 函数定义的一般形式

函数的定义主要是确定函数的名称、函数的类型以及该函数完成什么功能。函数定义的一般形式如下：

```
类型标识符  函数名(形式参数表)
{
    函数体
}
```

下面，先看一个简单的例子。

【例 7.3】定义一个 max()函数，返回 3 个整数中的最大值。程序代码如下：

```
#include <stdio.h>
main()
{
    int max(int,int,int);  // 函数声明
    int num1, num2, num3;
    int a;
    printf("输入 3 个整数(以逗号间隔): ");
    scanf("%d, %d , %d", &num1, &num2 , &num3);
    a = max(num1, num2, num3); //调用 max 函数，并把得到的函数返回值存入变量 a 中
    printf("max = %d", a);
}
int max(int x, int y, int z) // 定义 max 函数，函数类型为 int，形式参数为 x、y、z
{
    int m;   //  变量 m 用于存放 x、y、z 中的最大值
    m = x;
    if (y > m) m = y;
    if (z > m) m = z;
    return (m);    // 返回变量 m 的值
}
```

运行结果：

```
输入 3 个整数(以逗号间隔): 12, 136, 50 ↙
max = 136
```

程序说明：

这个程序由两个函数组成，一个是主函数 main()，另一个是自定义函数 max()。max()函数的功能是求 x、y、z 的最大值，并返回求得的最大值(即变量 m 的值)。main()函数在调用自定义函数 max()时，将实际参数 num1、num2、num3 的值分别传递给形式参数 x、y、z。

7.2.2 有关函数定义的几点说明

1. 函数的类型

在定义函数时，函数名前的类型标识符说明了函数的类型，这也是该函数的返回值的数据类型。类型标识符可以是 int、long、float、double、char 中的任何一种。当函数类型为 int 型时，类型标识符 int 可以省略。例如，在例 7.3 中：

```
int max(int x, int y, int z)
```

可以写成：

```
max(int x, int y, int z)
```

2. 函数名

函数名的命名要遵循标识符规则。为了提高程序的易读性，在定义函数时，最好给函数取一个见名知意的名字，也就是说，一个好的函数名能够反映该函数的功能。

3. 形式参数表

在定义函数时，函数名后面圆括号中的变量名被称为形式参数，简称“形参”。如果形式参数不止一个，那么每个形式参数之间则以逗号分隔。

需要注意的是，并不是每个函数在定义时都必须有形参，但无论有没有形参，函数名后面的圆括号都不能省略。

4. 形式参数的声明

如果函数有形式参数，则必须声明形式参数的类型。注意，即使所有的形参都是相同的类型，也必须对每个形参分别声明，也就是说，每个形参之前都必须有一个类型标识符。

如：

```
max(int x, int y, int z)
{
    //...
}
```

不能写成：

```
max(int x,y,z)
{
    //...
}
```

5. 函数体

函数体是用一对花括号括起来的语句序列，函数的功能就是由这些语句共同来完成的。所有在函数体中使用到的形式参数之外的变量，都必须在函数体的开始部分进行变量的类型声明。例如，在例 7.3 的 max()函数的函数体中，定义了变量 m。

6. 空函数

定义函数时，函数类型、形式参数以及函数体均可以省略。所以，最简单的函数定义是：

```
函数名()
{
    //...
}
```

这种函数称为空函数。显然，空函数不执行任何操作，但这并不意味着空函数是没有用处的。事实上，在编写程序的最初阶段，空函数非常有用。在设计一个较复杂的程序时，通常不可能一步到位地编写好每个功能模块，这时就可以利用空函数来表示没有编写好的模块，以确保程序结构的完整，使程序在最初的调试中能顺利地通过语法检测。以后，再根据需要在每个空函数内添加上具体的内容，逐步扩充程序的功能。

7. 自定义函数在程序中的位置

一个C程序由主函数和若干自定义函数组成，各个函数在程序中的定义是相互独立的，不能在一个函数的函数体内部定义另一个函数。

自定义函数可以放在主函数之前，也可以放在主函数之后，但无论自定义函数放在程序中的什么位置，程序的执行总是从主函数开始的。为了提高程序的可读性，习惯上常常把主函数放在所有自定义函数之前。

7.3　函数参数及返回值

7.3.1　函数参数

1. 参数的作用

函数的参数用于建立函数之间的数据联系。当一个函数调用另一个函数时，实际参数的值会传递给形式参数，以实现主调函数与被调函数之间的数据通信。同时，函数参数的运用还可提高一个函数的灵活性和通用性。

【例7.4】编写一个函数，输出一条由30个星号构成的横线。程序代码如下：

```
#include <stdio.h>
main()
{
    void pstar();
    pstar();                                    // 第一次调用pstar()函数
    printf("          Welcome!\n");
    pstar();                                    // 第二次调用pstar()函数
}
void pstar()        // 定义pstar()函数
{
    printf("******************************\n");
}
```

运行结果：

```
******************************
          Welcome!
******************************
```

程序说明：

这个程序中，main()函数两次调用 pstar()函数时都输出由数目相同的星号构成的横线。若想输出由不同数目的其他指定符号构成的横线，则可通过下面的带有形式参数的 pstar()函数来实现。

【例 7.5】编写一个函数，输出一条由指定符号构成的横线，符号及符号的数量由参数决定。程序代码如下：

```
#include <stdio.h>
main()
{
   void pstar(char,int);
   pstar('~', 20);        // 第一次调用 pstar()函数
   printf("     Welcome!\n");
   pstar('-', 36);        // 第二次调用 pstar()函数
}
void pstar(char symbol, int num)
// 形式参数 symbol 表示要输出的符号，num 表示要输出的符号的个数
{
   int i;
   for(i=1; i<=num; i++)
      printf("%c", symbol);
   printf("\n");
}
```

运行结果：

```
~~~~~~~~~~~~~~~~~~~~
     Welcome!
------------------------------------
```

程序说明：

main()函数第一次调用 pstar()函数时，输出一条由 20 个“~”符号构成的横线，第二次调用 pstar()函数时，则输出一条由 36 个“-”符号构成的横线。可以看出，在调用 pstar()函数时，只需将希望得到的符号以及符号的数量值以实际参数的形式传递给 pstar()函数的形式参数 symbol 和 num，即可得到不同规格的横线。

2. 形式参数和实际参数

形式参数(简称“形参”)是指定义函数时，跟在函数名后的小括号内的变量名。实际参数(简称“实参”)则是指调用函数时，跟在函数名后的小括号内的表达式。

实际参数与形式参数的关系如下：

- 实参的数量应该与形参相同。如果一个函数在定义时没有形参，则调用该函数时就不应有实参，如例 7.4 中对 pstar()函数的定义和调用就是如此。

- 实参的类型必须与形参一致。
- 定义函数时的形参只能是变量名，而调用函数时的实参则可以是变量名，也可以是常量或表达式。如例 7.5 中，主函数调用 pstar()函数时，就分别使用了字符型常量和整型常量来作为实参。
- 当简单变量作函数参数时，参数的传递是“值传递”，这是一种单向传递，即数据只能由实参传给形参，而不能由形参传回给实参。看下面的例子。

【例 7.6】参数的传递。程序代码如下：

```
#include <stdio.h>
main()
{
   void change(int);
   int a = 30;
   printf("a=%d\n", a);
   change(a);
   printf("a=%d\n", a);
}
void change(int a)
{
   a = a + 10;   // 改变形参 a 的值
   printf("a=%d\n", a);
}
```

运行结果：

```
a=30
a=40
a=30
```

程序说明：

本例中，使用了两个相同名称的实际参数和形式参数，即变量 a，其参数传递情况如图 7.4 所示。从图 7.4 中可以看出，虽然实际参数与形式参数同名，但实参变量和形参变量分别占用不同的存储单元，所以，无论形参的值如何变化，都不会影响到实参的值。

在 change()函数中，形参 a 的值发生了改变，但主函数中实参 a 的值却没有发生变化。

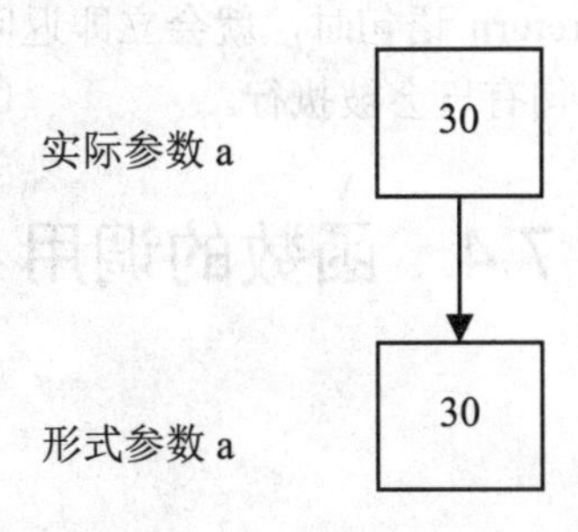

图 7.4 参数传递示意

7.3.2 函数的返回值

有的函数在被调用执行完后会向主调函数返回一个执行结果，这个结果就称为函数的返回值。函数返回值用 return 语句来实现，例如，在例 7.3 的 max()函数中，使用 return 语句返回了变量 m 的值。return 语句的一般形式如下：

```
return (表达式);      // 形式 1
return 表达式;        // 形式 2
return;              // 形式 3
```

例如：

```
return (1);          // 返回值为 1
return (a);          // 返回变量 a 的值
return (x+y);        // 返回表达式 x+y 的值
```

return 语句的作用有两个，一是终止包含它的那个函数的运行，使程序返回到调用该函数的语句处继续执行；二是用来送回一个数据，这个数据就是紧跟在 return 之后的表达式的值，也就是函数的返回值。在主调函数中，可以引用由 return 语句带回的函数的返回值。

说明：

(1) 并不是每一个自定义函数都必须有 return 语句，如果一个函数不需要带回任何数据，那么这个函数可以没有 return 语句。

(2) 一个没有 return 语句的函数，并不意味着没有返回值。实际上，任何一个类型不为 void 的函数都有一个返回值，包含 return 语句的函数将返回一个确定的值，而没有包含 return 语句的函数则返回一个不确定的值。

(3) 可以引用不含 return 语句的函数所带回的不确定的返回值，这不会出现任何语法错误，但这种做法是毫无意义的，而且，还有可能使程序的执行产生难以预料的后果。因此，为了禁止引用不带 return 语句的函数的值，可在定义函数时指定函数的类型为 void 型，即空值类型。例如：

```
void pf()
{
   // ...
}
```

(4) 函数中可以有多个 return 语句，但这并不意味着一个函数可以同时返回多个值。当执行到被调函数中的第一个 return 语句时，就会立即返回到主调函数。也就是说，多个 return 语句中只有一个 return 语句有机会被执行。

7.4 函数的调用

7.4.1 函数的语句调用

函数的语句调用是把函数调用作为一个语句。其一般形式为：

```
函数名(实参表);
```

这种调用方式通常用于调用一个不带回返回值的函数，例如，例 7.4 和例 7.5 中对函数 pstar()的调用方式就属于语句调用。

如果调用的函数无形式参数，则实参表可以没有，但函数名后面的小括号不能省去。下面是一个函数语句调用的例子。

【例 7.7】编写一个函数，求 3 个整数之和。程序代码如下：

```
#include <stdio.h>
main()
{
   void sum(int, int, int);  // 函数声明
   int a, b, c;
   printf("a=");
   scanf("%d", &a);
   printf("b=");
   scanf("%d", &b);
   printf("c=");
   scanf("%d", &c);
   sum(a, b, c);         // 函数语句调用
}
void sum(int n1, int n2, int n3)
{
   int s;
   s = n1 + n2 + n3;
   printf("%d + %d + %d = %d\n", n1, n2, n3, s);
}
```

运行结果：

```
a=10 ↙
b=45 ↙
c=12 ↙
10 + 45 + 12 = 67
```

7.4.2　函数表达式调用

函数可以出现在表达式中，这种表达式称为函数表达式。其一般形式为：

```
变量名 = 函数表达式;
```

这种调用方式用于调用带有返回值的函数，函数的返回值将参加表达式的运算。例如，在例 7.3 中对 max()函数的调用 a = max(num1, num2, num3);就属于函数表达式调用。

下面的程序用函数表达式调用的方式来实现例 7.7 的功能。

【例 7.8】编写一个函数，求 3 个整数之和。程序代码如下：

```
#include <stdio.h>
main()
{
   int sum(int, int, int);
   int a, b, c, n;
   printf("a=");
   scanf("%d", &a);
   printf("b=");
   scanf("%d", &b);
```

```
    printf("c=");
    scanf("%d", &c);
    n = sum(a, b, c);     // 函数表达式调用
    printf("%d + %d + %d = %d\n", a,b,c,n);
}
int sum(int n1, int n2, int n3)
{
    int s;
    s = n1 + n2 + n3;
    return s;
}
```

运行结果：

```
a=10 ↙
b=45 ↙
c=12 ↙
10 + 45 + 12 = 67
```

【例 7.9】编写一个函数，求 n!(n!=1×2×3×⋯×n)。程序代码如下：

```
#include <stdio.h>
main()
{
    int n;
    long t;
    long f(int);      // 声明被调函数 f()的类型为 long 型
    printf("Input a number: \n");
    scanf("%d", &n);
    t = f(n);
    printf("%d! = %ld\n", n, t);
}
long f(int num)
{
    long x;
    int i;
    x = 1;
    for(i=1; i<=num; i++)
        x *= i;
    return (x);
}
```

运行结果：

```
Input a number: 9 ↙
9! = 362880
```

程序说明：

注意主函数中的函数声明语句 long f(int);，该语句声明了 f()函数的返回值类型为 long，其参数类型为 int。在主调函数中对被调函数做类型声明，意在告诉编译系统本函数中将要调用的某函数是什么类型，该函数有多少个参数，每个参数是什么类型，以便让编译系统

做出相应的处理。

函数声明的一般形式为：

```
类型标识符 函数名(参数表);
```

程序中的：

```
long t;
long f(int);
```

也可以写成：

```
long t, f(int);
```

注意，函数的类型声明是函数调用中一个非常重要的环节，初学者往往因忽略它而导致在上机调试程序时遇到麻烦。在例 7.9 中，如果将主函数中的函数声明语句“long f(int);”删去，则程序在编译时系统将提示如下出错信息：

```
error C2373: 'f' : redefinition; different type modifiers
```

但是，并不是对每一个被调函数都必须声明其类型。在下面几种情况下，可以不对被调函数做类型声明。

(1) 被调函数的定义出现在主调函数之前时，可以不声明其类型。试比较下面同一程序的两种写法。

① 被调函数在主调函数之后：

```
main()
{
    long f();
    // ...
    t = f();
    // ...
}
long f()
{
    // ...
}
```

② 被调函数在主调函数之前：

```
long f()
{
    // ...
}
main()
{
    // ...
    t = f();
    // ...
}
```

(2) 如果在源程序的开头(即在所有函数定义之前)已声明了函数的类型，那么，在每个主调函数中都不必再对被调函数做类型声明。例如：

```
long f();
main()
{
    // ...
    t = f();
    // ...
}
long f()
{
    // ...
}
```

如果被调函数有参数，那么在主调函数中声明该被调函数时，还应声明被调函数的参数。例如下面的程序。

【例 7.10】编写一个函数，求 3 个实数之和。程序代码如下：

```
main()
{
    float a, b, c, n;
    float sum(float n1, float n2, float n3);
    // 声明被调函数 sum()的类型以及形参的类型

    printf("a=");
    scanf("%f", &a);
    printf("b=");
    scanf("%f", &b);
    printf("c=");
    scanf("%f", &c);
    n = sum(a, b, c);    // 函数表达式调用
    printf("%.2f + %.2f + %.2f = %.2f", a, b, c, n);
}
float sum(float n1, float n2, float n3)
{
    float s;
    s = n1 + n2 + n3;
    return s;
}
```

运行结果：

```
a=1.2 ↙
b=45.28 ↙
c=20.5 ↙
1.20 + 45.28 + 20.5 = 66.98
```

程序说明：

本例中，main()函数中的语句 float sum(float n1, float n2, float n3);不仅声明了被调函数 sum()的类型为 float 型，而且也声明了被调函数的 3 个形参类型为 float 型。该声明语句也可写成 float sum(float, float, float);。

7.4.3 函数的嵌套调用

函数的嵌套调用是指在调用一个函数的过程中，又去调用另一个函数。下面是一个函数嵌套调用的示例：

```
main() {
    // ...
    a();
    // ...
}
a() {
    // ...
    b();
    // ...
}
b() {
    // ...
}
```

这里，主函数调用了 a()函数，a()函数在执行的过程中又调用了 b()函数。每一个被调函数执行完之后，都将返回到调用该函数的地方继续往下执行，如图 7.5 所示。

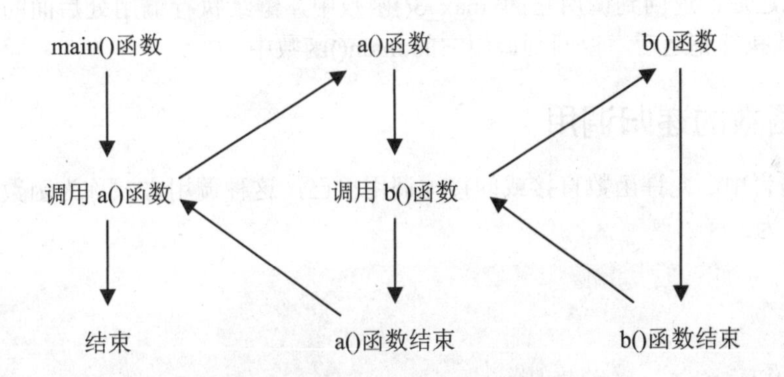

图 7.5 两层嵌套的函数调用示例

【例 7.11】函数的嵌套调用示例。求 3 个数中的最大值。程序代码如下：

```
#include <stdio.h>
main()
{
    float a, b, c, m;
    float max_3(float, float, float);
    printf("Input 3 numbers: ");
    scanf("%f %f %f", &a, &b, &c);
    m = max_3(a, b, c);
    printf("max = %.2f\n", m);
}
float max_3(float n1, float n2, float n3)
//  max_3()函数的功能是返回 3 个数中的最大值
```

```
{
    float max_2(float, float);
    float n;
    n = max_2(n1, n2);
    n = max_2(n, n3);
    return n;
}
float max_2(float x, float y)
// max_2()函数的功能是返回 2 个数中的最大值
{
    if (x > y)
        return x;
    else
        return y;
}
```

运行结果：

```
Input 3 numbers: 100.5   216.8   34.58 ↙
max = 216.80
```

程序说明：

本例中，main()函数调用了 max_3()函数，max_3()函数又调用了 max_2()函数。max_2()函数执行完之后，返回到调用它的 max_3()函数中，继续执行调用处后面的语句。同样，max_3()函数执行完之后，返回到调用它的 main()函数中。

7.4.4 函数的递归调用

在 C 语言中，允许函数直接或间接地调用自己，这种调用方式称为函数的递归调用。其一般形式为：

```
a(x)
{
    // ...
    a(y);           // 直接的递归调用
    // ...
}
```

或者：

```
a(x)
{
    // ...
    b();
    // ...
}
b()
{
    // ...
    a(y);           // 间接的递归调用
    // ...
}
```

下面看一个递归调用的例子。

【例 7.12】用递归调用的方法，求 x^n(x 和 n 均为正整数)。程序代码如下：

```
#include <stdio.h>
main()
{
    int a, b;
    long power(int,int), t;
    printf("Input 2 numbers: ");
    scanf("%d, %d", &a, &b);
    t = power(a, b);
    printf("%d ^ %d = %ld\n", a, b, t);
}
long power(int x, int n)
{
    long y;
    if(n > 0)
        y = x * power(x, n-1);
    else y = 1;
    return y;
}
```

运行结果如下：

```
Input 2 numbers: 3, 4 ↙
3 ^ 4 = 81
```

power()函数在执行的过程中，通过 power(x, n−1)直接调用了它自己。程序中递归调用的条件是 n>0，当这个条件不再满足时(即 n=0 时)，即终止了递归调用。

这个程序的执行过程如图 7.6 所示。

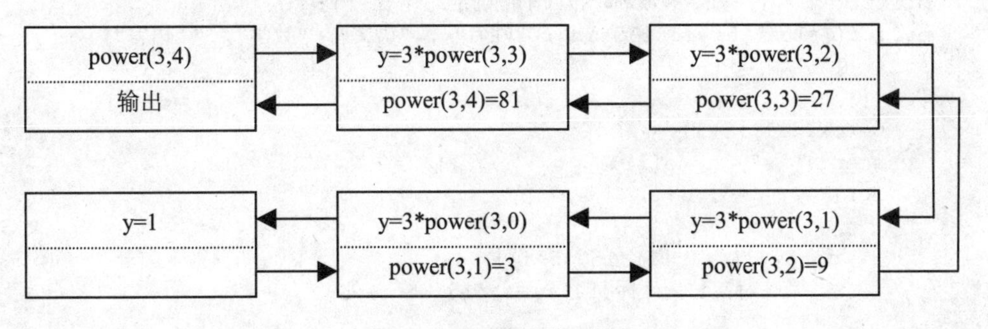

图 7.6 程序的执行过程

递归调用的优点是使程序简洁、紧凑，但由于每次调用一个函数时都需要存储空间来保存调用“现场”，以便后面返回，并且递归调用往往涉及同一个函数的反复调用，所以它要占用较大的存储空间，特别是在递归调用次数较多的情况下，将导致程序运行速度较慢。

在学习了上述相关知识之后，我们通过下例来完成本章开篇提出的任务之二。

【例 7.13】在前面例 7.2 中，我们已经为学生成绩统计程序划分了模块结构，这里，将通过函数的定义和调用来实现模块化程序设计。

程序分析：

本例将在主函数中实现菜单的显示和选择功能，再通过 data_input()、data_search()、data_process()、data_sort()这 4 个函数分别实现成绩数据的录入、数据查询、数据处理及成绩排名等功能。下面的源程序仅完成了 main()和 data_input()两个函数，其余的函数则暂时用空函数表示，以体现程序结构的完整性。我们将在后续任务中，来继续完成整个程序的编写。

源程序如下：

```
#include <stdio.h>
#include <string.h>
#include <stdlib.h>
#include <windows.h>
#define N 4
void gotoxy(int x, int y)  // 光标定位函数
{
   HANDLE hout;
   COORD coord;
   coord.X = x;
   coord.Y = y;
   hout = GetStdHandle(STD_OUTPUT_HANDLE);
   SetConsoleCursorPosition(hout, coord);
}
data_input(char name[N][20], int score[N][3])  // 数据输入
{
    int i, j;
    system("cls");  // 清屏
    printf("----------- 数据输入 ---------------\n\n");
    printf("输入学生姓名和成绩，按回车键确定：\n\n ");
    printf("%15s%15s%15s%15s\n", "姓名" , "语文", "数学", "C 语言");
    for(i=0; i<N; i++)
    {
        gotoxy(11, 5+i);
        scanf("%s", name[i]);         // 输入学生姓名
        for(j=0; j<3; j++)
        {
            gotoxy(14+(j+1)*15, 5+i);
            // 将光标定位到坐标(14+(j+1)*15, 5+i)处

            scanf("%d", &score[i][j]);     // 输入各科成绩
        }
    }
}
data_search()       // 成绩查询
{  }
data_process()      // 数据统计
{  }
data_sort()         // 成绩排名
{  }
main()
```

```
{
   int choice;
   char name[N][20];
   int score[N][3];
   while(1)
   {
      system("cls");   // 清屏
      printf("******************************\n");
      printf("      1:  数据输入 \n");
      printf("      2:  数据查询 \n");
      printf("      3:  数据统计 \n");
      printf("      4:  成绩排名 \n");
      printf("      5:  退    出 \n");
      printf("******************************\n");
      printf("请选择 (1~5):  ");
      scanf("%d", &choice);
      switch(choice)
      {
      case 1: data_input(name, score); break;
      case 2: data_search(); break;
      case 3: data_process(); break;
      case 4: data_sort(); break;
      case 5: exit(0);
      }
   }
}
```

运行结果：

```
******************************
      1:  数据输入
      2:  数据查询
      3:  数据统计
      4:  成绩排名
      5:  退    出
******************************
请选择 (1~5): 1 ↙
----------- 数据输入 ---------------
输入学生姓名和成绩，按回车键确定:
          姓名            语文              数学           C语言
      LinYu↙             81↙               76↙            90↙
      WangHua↙           94↙               90↙            85↙
      FengYunFei↙        78↙               65↙            58↙
      MuShiShi↙          79↙               83↙            70↙
******************************
      1:  数据输入
      2:  数据查询
      3:  数据统计
      4:  成绩排名
      5:  退    出
******************************
请选择 (1~5): 5 ↙
```

程序说明：

data_input()函数的定义和调用中使用了数组作为函数参数，在后面的 7.5 节中将对此知识点做详细的介绍。

7.5 数组作函数参数

在前面几节中，我们使用的函数参数均是简单变量，如 int 型、float 型、char 型等。函数参数除了可以是简单变量之外，还可以是数组。数组作函数参数分两种情形，一种是数组元素作函数参数，另一种则是数组名作函数参数。

7.5.1 数组元素作函数参数

数组元素可以作为函数的实参，这种用法与简单变量作函数实参完全相同，这时函数的形参必须是简单变量。

【例 7.14】数组元素作函数参数——求数组各个元素之和。程序代码如下：

```
#include <stdio.h>
int sum(int x, int y, int z)
{
    return x + y + z;
}
main()
{
    int a[3], i, s;
    printf("输入 3 个整数: \n");
    for(i=0; i<3; i++)
        scanf("%d", &a[i]);
    s = sum(a[0], a[1], a[2]);      // 数组元素作实参
    printf("s=%d\n", s);
}
```

运行结果：

```
输入 3 个整数:
12  8  41 ↙
s=61
```

程序中，main()函数调用 sum()函数时使用了数组元素作实参，这时 a[0]、a[1]和 a[2]的值分别传递给了形参 x、y、z。当数组元素作函数实参时，参数的传递也是单向的“值传递”。

7.5.2 数组名作函数参数

数组名作函数参数时，实参和形参都应为数组名。此时，实参与形参的传递为“地址传递”。所谓地址传递，是指在调用函数时，系统并没有给形参数组分配新的存储空间，而只是将实参数组的首地址传送给形参数组，使形参数组与实参数组共用同一数组空间。

下面，以数组名作函数参数的形式改写前面的例 7.13。

【例 7.15】数组名作函数参数——求各个数组元素之和。

改写后的程序代码如下：

```
#include <stdio.h>
int sum(int b[3])
{
    int i, r=0;
    for(i=0; i<3; i++)
        r += b[i];
    return r;
}
main()
{
    int a[3], i, s;
    printf("输入 3 个整数： \n");
    for(i=0; i<3; i++)
        scanf("%d", &a[i]);
    s = sum(a);               // 数组名作实参
    printf("s=%d\n", s);
}
```

运行结果：

```
输入 3 个整数：
12  8  41 ↙
s=61
```

由于形参数组与实参数组共用同一存储空间，因此，函数中对形参数组的修改，就是对实参数组的修改。看下面的例子。

【例 7.16】数组名作函数参数。程序代码如下：

```
#include <stdio.h>
main()
{
    int a[2], i;
    void f(int b[]);
    for(i=0; i<2; i++)
    {
        printf("a[%d]=", i);
        scanf("%d", &a[i]);       // 输入数组 a 中各元素的值
    }
    f(a);   // 以数组名 a 作实参调用 f()函数
    for(i=0; i<2; i++)
        printf("a[%d]=%d\n", i, a[i]); // 输出调用 f()函数后数组 a 中各元素的值
}

void f(int b[2])
{
    int i;
    for(i=0; i<2; i++)
        b[i] = b[i] + 1;        // 改变数组 b 中各元素的值
}
```

运行结果：

```
a[0]=35 ↙
a[1]=21 ↙
a[0]=36
a[1]=22
```

程序说明：

程序中，由于实参数组 a 和形参数组 b 共用一组首地址相同的存储单元，因此，当数组 b 的元素的值发生改变时，数组 a 中对应元素的值也会发生相同的变化。

说明：

(1) 用数组名作函数参数时，应该在主调函数和被调函数中分别定义数组。实参数组和形参数组的类型应该一致。

(2) 实参数组和形参数组的长度可以一致，也可以不一致。

(3) 形参数组可不指定大小，在定义形参数组时，在数组名后面跟一个空的方括号。为了在被调函数中处理数组元素的需要，可以另设一个参数，传递数组元素的个数。

【例 7.17】数组名作函数参数——编写一个函数，实现滚动字幕的功能。

程序分析：

滚动字幕是一种简单的动画效果，实现的方法是——先在屏幕的某一位置上显示字幕内容，然后清除原位置上的字幕，再在新的位置上显示字幕。下面的程序将从左至右滚动显示字幕，每次字幕向右移动一个字符位置，因此，清除原位置上的字幕时，只需要清除第一个字符就行了，其余的内容会自动被新位置上的字幕覆盖。程序在 main()函数中实现字幕内容的输入，在 rolling()函数中实现字幕的滚动功能。

程序代码如下：

```
#include <stdio.h>
#include <windows.h>
#include <stdlib.h>
void gotoxy(int x, int y)  // 光标定位函数
{
   HANDLE hout;
   COORD coord;
   coord.X = x;
   coord.Y = y;
   hout = GetStdHandle(STD_OUTPUT_HANDLE);
   SetConsoleCursorPosition(hout, coord);
}
void rolling(char string[], int n)
{
    int i;
    system("cls");
    for (i=1; i<=80-n; i++)
    {
        gotoxy(i, 10);   // 将光标定位在第 i 列、第 10 行处
        puts(string);
        Sleep(300);      // 延时，用于确定控制字幕移动之前在屏幕上停留时间的长短
        gotoxy(i, 10);   // 将光标定位在字幕第一个字符的位置
```

```
        puts(" ");      // 输出一个空格，清除第一个字符
    }
}
main()
{
    char str[30];
    system("cls");    // 清屏
    printf("输入一个字符串: ");
    gets(str);
    rolling(str, strlen(str));
}
```

7.6 变量的作用域和生存期

7.6.1 变量的作用域

变量的作用域是指变量的有效范围。C 语言允许把一个大的程序分成几个文件，每个文件分别包含若干函数，各个文件可以分别进行编译，然后再连接到一起形成一个完整的可执行文件。程序中各个函数之间的通信可以通过参数传递来实现，也可以通过使用公共的数据来实现。那么，哪些数据可以被各个函数共用，而哪些数据又不能共用呢？这就涉及变量的作用范围问题。

根据变量作用范围的不同，可将变量分为局部变量和全局变量。

1. 局部变量

局部变量是指在函数内部或程序块内定义的变量。局部变量只在定义它的函数或程序块内有效。在函数内定义的变量以及形式参数均是局部变量。

例如：

```
main()
{
    int x, y;      // x和y是局部变量，在main函数内有效
    // ...
    {
        int i, j;     // i和j是局部变量，在复合语句中有效
        // ...
    }
}
fun(int a, int b)   // 形参a、b是局部变量，在fun函数内有效
{
    int m, n;       // m、n是局部变量，在fun函数内有效
    // ...
}
```

【例 7.18】理解不同函数中同名的局部变量。程序代码如下：

```
#include <stdio.h>
main()
{
    int x, y;       // 在 main 函数中定义局部变量 x、y
    void f();
    x = 1;
    y = 2;
    f();
    printf("x=%d, y=%d\n", x, y);
}
void f()
{
    int x, y;        // 在 f 函数中定义局部变量 x、y
    x = 3;
    y = 4;
}
```

运行结果：

```
x=1, y=2
```

程序说明：

该例的 main 函数和 f 函数中，分别定义了两组同名的局部变量 x 和 y。由于 main 函数中定义的变量 x、y 只在 main 函数中有效，而 f 函数中定义的变量 x、y 则只在 f 函数中有效，这两组同名变量分别占用两组不同的存储单元，因此，f 函数中对 x、y 的赋值不会改变 main 函数中 x、y 的值。

2. 全局变量

全局变量是指在所有函数之外定义的变量，其作用范围是从定义点开始，直到程序结束。例如：

```
int x, y;
main()
{
    // ...
}
int a, b;
fun1()
{
        // ...
}
fun2()
{
    // ...
}
```

（图示：从 int a, b; 到程序末尾为“a、b 的作用范围”；从 int x, y; 到程序末尾为“x、y 的作用范围”）

说明：

(1) 设置全局变量的目的是增加函数间数据联系的渠道，例如，当需要从一个函数带回多个返回值时，就可以使用全局变量。

(2) 全局变量与局部变量可以同名，这时，在局部变量的作用范围内，全局变量不起作用。

【例 7.19】编写一个函数，求一组学生成绩的总成绩和平均成绩。

程序分析：

由于 return 语句只能从函数中带回一个返回值，所以不可能让总成绩和平均成绩都靠 return 语句返回。这里，我们可以利用全局变量的特点来解决这个问题，即，使用 return 语句带回一个数据，而另一个数据则通过全局变量来传递。

编写程序代码如下：

```
float average;   // 全局变量 average 存放平均成绩
#include <stdio.h>
main()
{
   int i, num[100], n, s;
   int sum(int a[], int m);
   printf("输入学生人数: ");
   scanf("%d", &n);
   printf("输入 %d 个学生的成绩:\n", n);
   for(i=0; i<n; i++)
   {
      scanf("%d", &num[i]);
   }
   s = sum(num, n);
   printf("总分: %d\n", s);
   printf("平均分: %.2f\n", average);
}
int sum(int a[], int m)
{
   int i, s=0;
   for(i=0; i<m; i++)
      s = s + a[i];
   average = (float)s/m;
   return s;      // 返回总成绩
}
```

运行结果：

```
输入学生人数: 3 ↙
输入 3 个学生的成绩:
86 72 93 ↙
总分: 251
平均分: 83.67
```

程序说明：

这个程序中，总成绩由 sum 函数中的 return 语句返回，而平均成绩则由全局变量 average 带回到主函数中。

【例 7.20】全局变量与局部变量同名的情况。程序代码如下：

```
int a;   // 定义全局变量 a
#include <stdio.h>
main()
```

```
{
    void f();
    a = 12;
    f();
    printf("a=%d\n", a);
}
void f()
{
    int a = 46;      // 定义局部变量 a
    printf("a=%d\n", a);
}
```

运行结果：

```
a=46
a=12
```

程序说明：

这个程序虽然在开始位置定义了全局变量 a，但函数 f()中又定义了局部变量 a，所以，凡是在 f()函数中出现的变量 a 都是指局部变量 a，而不是全局变量 a。一旦 f()函数执行完，该函数中定义的局部变量 a 就立即被释放。

7.6.2 变量的生存期

变量的生存期是指变量存在的时间长短，根据变量生存期的不同，可以将变量分为动态存储变量和静态存储变量。

动态存储是指在程序运行期间根据需要动态分配存储空间的存储方式，即需要时就分配存储空间，不需要时就释放。如形式参数就属于动态存储变量。

静态存储是指在程序运行期间分配固定的存储空间的存储方式。如全局变量就属于静态存储变量。

根据变量的作用域和生存期的不同，可以将变量分为 4 类存储类别，如表 7.1 所示。

表 7.1 变量的存储类别

存储类别	作 用 域	生 存 期	存储位置
auto	局部	动态	内存
register	局部	动态	寄存器
static	局部	静态	内存
extern	全局	静态	内存

1. auto 变量

auto 变量即自动变量，这种存储类型是 C 语言程序中使用最广泛的一种类型。C 语言规定，函数内凡未加存储类型说明的变量均视为自动变量，也就是说自动变量可省去声明符 auto。

说明：

- 自动变量属于局部变量，也就是说，在函数中定义的自动变量，只在该函数内有效，在复合语句中定义的自动变量只在该复合语句中有效。

- 自动变量属于动态存储方式，只有在定义该变量的函数被调用时才给它分配存储空间，开始它的生存期，函数调用结束时又自动释放存储空间，结束生存期。
- 由于自动变量的作用域和生存期都局限于定义它的函数或复合语句内，因此，不同的函数和复合语句中可以定义同名的自动变量。

2. register 变量

register 变量即寄存器变量。一般情况下，变量的值是存放在内存中的。为了提高程序的执行效率，C 语言允许将局部变量的值放在 CPU 的寄存器中，这种变量称为“寄存器变量”。通常，可以把一些使用频繁的变量定义为寄存器变量，以加快程序的执行速度。

寄存器变量用关键字 register 来标识，其一般形式为：

```
register 类型标识符 变量名;
```

说明：

(1) 只有非静态的局部变量(包括形式参数)可以作为寄存器变量，而静态的局部变量和全局变量不能作为寄存器变量。例如，下面的定义是错误的：

```
register static int x;      // 错误!
```

(2) 一个计算机系统中的寄存器数目是有限的，因此，不能定义任意多个寄存器变量。

3. static 变量

static 变量即静态变量。静态变量可以是局部变量，也可以是全局变量。静态变量的特点是其值始终存在，也就是说，在一次调用到下一次调用之间保留原有的值。

静态变量用关键字 static 来声明，其一般形式为：

```
static 类型标识符 变量名;
```

说明：

(1) 在函数之内定义的静态变量(即局部的静态变量)，只能被本函数引用，而不能被其他函数引用，这一点与自动变量相同。但与自动变量不同的是，自动变量在函数每次被调用时进行初始化，而静态变量只在编译阶段初始化一次，在函数执行结束之后，静态变量的值仍然会保留。

(2) 在函数外定义的全局的静态变量，可以被各个函数引用。与一般的非静态的全局变量不同的是，静态的全局变量只能在定义它的文件中被访问，而一般全局变量则可以在整个程序的所有文件中被访问。

【例 7.21】理解局部静态变量。程序代码如下：

```
#include <stdio.h>
main()
{
    void fun();
    fun();
    fun();
    fun();
```

```
}
void fun()
{
    static int x = 1;    // 定义静态的局部变量 x，并初始化为 1
    x++;
    printf("x = %d\n", x);
}
```

运行结果：

```
x = 2
x = 3
x = 4
```

程序说明：

fun()函数中定义的静态局部变量 x，在编译阶段被初始化为 1。第一次调用 fun()函数时，经 x++;语句递增后，x 的值变为 2。第二次调用 fun()函数时，不再对静态局部变量 x 初始化，这时 x 的值为 2，递增后 x 的值为 3。

如果把 fun()函数中的关键字 static 去掉，那么程序的运行结果就会变成：

```
x = 2
x = 2
x = 2
```

4. extern 变量

extern 变量即外部变量，它是全局变量的另一种提法。外部变量在函数之外定义，它的作用域是从变量的定义处开始，一直到本程序的末尾。

说明：

(1) 外部变量可以被程序中的各个函数所共用。

(2) 一个函数可以使用在该函数之后定义的外部变量，这种情况下，必须在该函数中用 extern 说明要使用的外部变量已在函数的外部定义过了，以便让编译程序做出相应的处理。

【例 7.22】extern 变量的使用。程序代码如下：

```
#include <stdio.h>
main()
{
    extern a;    // 声明变量 a 是外部变量
    void f();
    a = 13;
    printf("a=%d\n", a);
    f();
    printf("a=%d\n", a);      // 输出调用 f 函数后 a 的值
}
int a;
void f()
{
    a = 52;
}
```

运行结果：

```
a=13
a=52
```

程序说明：

这个程序中，如果把主函数中的 extern a;去掉，那么编译时就会出现下面的出错信息：

```
Undefined symbol 'a' in function main
```

在学习了上述相关知识之后，我们通过下例来完成本章开篇提出的任务之三。

【例 7.23】 输入一组学生的姓名及 3 门课程的成绩，输出每个学生的总成绩及平均成绩。要求数据的输入和输出分别用两个不同的函数来实现。

编写程序代码如下：

```
#include <stdio.h>
#include <string.h>
#include <stdlib.h>
#include <windows.h>
#define N 2
void gotoxy(int x, int y)  // 光标定位函数
{
  HANDLE hout;
  COORD coord;
  coord.X = x;
  coord.Y = y;
  hout = GetStdHandle(STD_OUTPUT_HANDLE);
  SetConsoleCursorPosition(hout, coord);
}
data_input(char name[N][9], int score[N][3])  // 数据输入
{
   int i, j;
   system("cls");  // 清屏
   printf("----------- 数据输入 ---------------\n\n");
   printf("输入学生姓名和成绩，按回车键确定：\n\n ");
   printf("%15s%15s%15s%15s\n", "姓名" , "语文", "数学", "C 语言");
   for(i=0; i<N; i++)
   {
      gotoxy(11, 5+i);
      scanf("%s", name[i]);          // 输入学生姓名
      for(j=0; j<3; j++)
      {
         gotoxy(14+(j+1)*15, 5+i);
         // 将光标定位到坐标(14+(j+1)*15,5+i)处

         scanf("%d", &score[i][j]);     // 输入各科成绩
      }
   }
}
```

```
void data_process(char name[N][9], int score[N][3]) // 数据统计
{
    int i, j;
    int sum[N];
    for(i=0; i<N; i++)
    {
        sum[i] = 0;
        for(j=0; j<3; j++)
            sum[i] += score[i][j];
    }
    printf("---------------------------------------------------\n");
    printf("%15s%15s%15s\n", "姓名", "总分", "平均分");
    for(i=0; i<N; i++)
    {
        printf("%15s%15d%15.2f\n", name[i], sum[i], sum[i]/3.0);
    }
}
main()
{
    char name[N][9];
    int score[N][3];
    data_input(name, score);
    data_process(name, score);
}
```

运行结果：

```
输入学生姓名和成绩，按回车键确定：
       姓名         语文             数学          C 语言
    LinYu↙          81↙              76↙            90↙
    WangHua↙        94↙              90↙            85↙
    FengYunFei↙     78↙              65↙            58↙
    MuShiShi↙       79↙              83↙            70↙
    --------------------------------------------------
    姓名            总分             平均分
    LinYu           247              82.33
    WangHua         269              89.67
    FengYunFei      201              67.00
    MuShiShi        232              77.33
```

7.7 函数的作用域

一般情况下，函数可以被其他所有函数调用，即可以把函数看作是全局的。但如果一个函数被声明成静态的，则该函数只能在定义它的文件中被调用，而其他文件中的函数则不能调用。

根据函数是否能被其他文件调用，可将函数分为内部函数和外部函数。

7.7.1 内部函数

只能被本文件中的其他函数调用的函数称为内部函数。定义内部函数的一般形式如下：

```
static 类型标识符 函数名(形参表) {}
```

例如：

```
static float max(float x, float y) {}
```

7.7.2 外部函数

除了能被本文件中的其他函数调用之外，还可以被其他文件中的函数调用的函数，称为外部函数。定义外部函数的一般形式如下：

```
extern 类型标识符 函数名(形参表) {}
```

例如：

```
extern float max(float x, float y) {}
```

如果在定义函数时既没有指定为static，也没有指定为extern，那么该函数隐含为外部函数。本书前面用到的所有函数都是外部函数。

通过上述学习，读者已经掌握了必备的知识，现在可以通过下例来完成本章开篇提出的主要任务。

【例7.24】编写一个简单的学生成绩统计程序，要求该程序具有下列功能。

(1) 菜单显示及选择功能。每一菜单项执行完成后，均可返回到主菜单，直到选择菜单中的“退出”项为止。

(2) 数据录入功能。能够录入学生的姓名及3门课程的成绩。

(3) 成绩查询功能。输入一个学生的姓名后，即可显示出该学生各门课程的成绩。

(4) 数据处理功能。可计算并显示每个学生的总成绩及平均成绩。

(5) 成绩排名功能。可按总成绩从高到低的顺序输出每个学生的名次、姓名、总成绩和平均成绩。

程序分析：

在前面的“任务之一”到“任务之三”中，已经为该程序划分了模块结构并完成了程序框架的编写。在下面的程序中，将在main函数中实现菜单显示及选择功能，而数据录入、成绩查询、数据处理及成绩排名等功能则分别用4个函数来实现。

本程序在函数的定义和调用中，需要通过数组参数来实现函数间的数据传递。

源程序如下：

```
#include <stdio.h>
#include <string.h>
#include <stdlib.h>
#include <windows.h>
#include <conio.h>
```

```
#define N 4
int sum[N];
void gotoxy(int x, int y)  // 光标定位函数
{
  HANDLE hout;
  COORD coord;
  coord.X = x;
  coord.Y = y;
  hout = GetStdHandle(STD_OUTPUT_HANDLE);
  SetConsoleCursorPosition(hout, coord);
}
data_input(char name[N][20], int score[N][3])  // 数据输入
{
   int i, j;
   system("cls");  // 清屏
   printf("-------------- 数据输入 ---------------\n\n");
   printf("输入学生姓名和成绩，按回车键确定：\n\n ");
   printf("%15s%15s%15s%15s\n", "姓名" , "语文", "数学", "C语言");
   for(i=0; i<N; i++)
   {
      gotoxy(11, 5+i);
      scanf("%s", name[i]);        // 输入学生姓名
      for(j=0; j<3; j++)
      {
         gotoxy(14+(j+1)*15, 5+i);
         // 将光标定位到坐标(14+(j+1)*15,5+i)处
         scanf("%d", &score[i][j]);    // 输入各科成绩
      }
   }
}
void data_search(char name[N][20], int score[N][3])      // 成绩查询
{
   int i, j;
   char student_name[20];
   system("cls");
   fflush(stdin);      // 清空输入缓冲
   printf("---------------- 成绩查询 ---------------\n\n");
   printf("输入要查找的学生姓名:");
   gets(student_name);
   for(i=0; i<N; i++)
      if(strcmp(name[i], student_name)==0)
      {
         printf("\n%15s%15s%15s%15s\n", "姓名" ,
                "语文", "数学", "C语言");
         printf("%15s%15d%15d%15d\n",
                name[i], score[i][0], score[i][1], score[i][2]);
         break;
      }
   if(i == N)
      printf("查无此人 !\n");
   printf("\n按任意键返回......");
```

```
    getch();
}
data_process(char name[N][20], int score[N][3])        // 数据统计
{
    int i, j;
    for(i=0; i<N; i++)
    {
        sum[i] = 0;
        for(j=0; j<3; j++)
            sum[i] += score[i][j];
    }
    printf("------------------ 数据统计 ------------------\n");
    printf("%15s%15s%15s\n", "姓名", "总分", "平均分");
    for(i=0; i<N; i++)
    {
        printf("%15s%15d%15.2f\n", name[i], sum[i], sum[i]/3.0);
    }
    printf("\n按任意键返回......");
    getch();
}
void data_sort(char name[N][20]) // 成绩排名
{
    int i, j, t;
    char s_name[N][20], s_name_t[20];
    int s_sum[N];
    printf("---------------- 成绩排名 ---------------\n\n");
    for(i=0; i<N; i++) //将学生姓名及总成绩分别存入s_name和s_sum两个数组中
    {
        strcpy(s_name[i], name[i]);
        s_sum[i] = sum[i];
    }
    for(i=0; i<N-1; i++)
        for(j=i+1; j<N; j++)
            if(s_sum[j] > s_sum[i])
            {
                t = s_sum[i];
                s_sum[i] = s_sum[j];
                s_sum[j] = t;
                strcpy(s_name_t, s_name[i]);
                strcpy(s_name[i], s_name[j]);
                strcpy(s_name[j], s_name_t);
            }
    printf("\n%10s%15s%15s%15s\n", "名次", "姓名", "总分", "平均分");
    for(i=0; i<N; i++)
    {
        printf("%10d%15s%15d%15.2f\n", i+1, s_name[i],
                s_sum[i], s_sum[i]/3.0);
    }
    printf("\n按任意键返回......");
    getch();
}
```

```
main()
{
    int choice;
    char name[N][20];
    int score[N][3];
    while(1)
    {
        system("cls");   // 清屏
        printf("******************************\n");
        printf("      1:  数据输入 \n");
        printf("      2:  数据查询 \n");
        printf("      3:  数据统计 \n");
        printf("      4:  成绩排名 \n");
        printf("      5:  退    出 \n");
        printf("******************************\n");
        printf("请选择 (1~5):  ");
        scanf("%d", &choice);
        switch(choice)
        {
        case 1: data_input(name, score); break;
        case 2: data_search(name, score); break;
        case 3: data_process(name, score); break;
        case 4: data_sort(name); break;
        case 5: exit(0);
        }
    }
}
```

运行结果如图 7.7 所示。

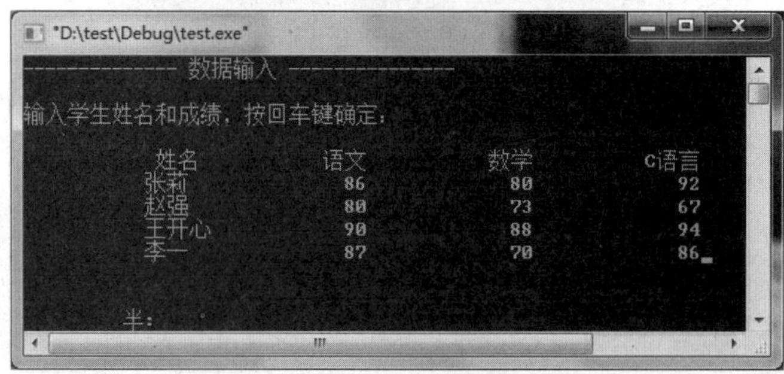

图 7.7　例 7.24 的运行结果

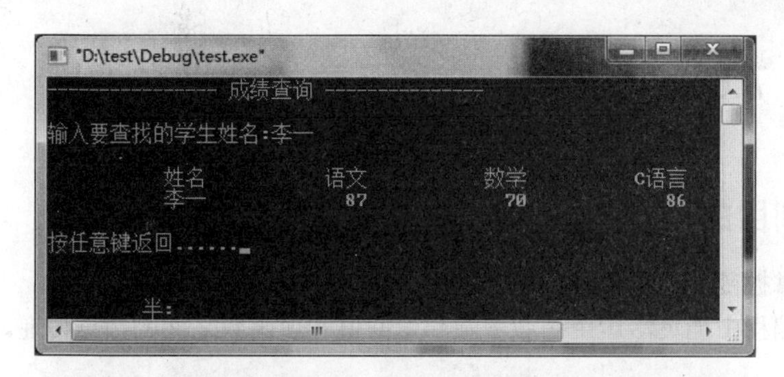

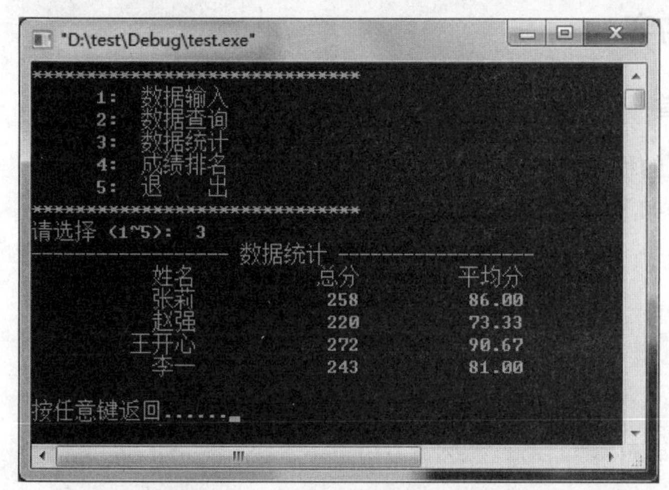

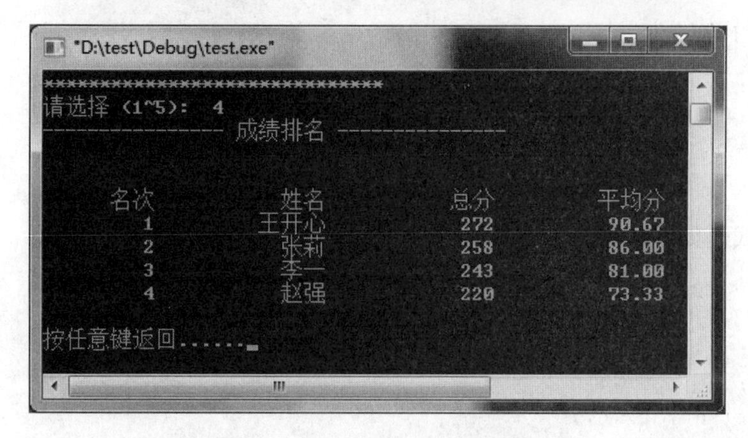

图 7.7 例 7.24 的运行结果(续)

程序分析：

注意实现成绩排名功能的 data_sort 函数，由于在排序的过程中，交换总成绩数组相关元素的同时，还必须交换姓名数组中相对应的下标元素，因此，为了保证原来存放学生姓名的 name 数组始终与存放成绩数据的 mark 数组相对应，以便执行成绩查询功能时始终能够显示出正确的数据，排序之前先将学生姓名及总成绩分别存入到 s_name 和 s_sum 两个数组中，这样，排序的对象就成了 s_name 和 s_sum 两个数组，而原来存放学生姓名的 name 数组则不受影响。

7.8 上机实训一：函数的定义和调用

7.8.1 实训目的

(1) 熟练掌握函数的定义和调用方法。

(2) 实际编程中能灵活运用函数参数和返回值实现函数之间的数据传递。

7.8.2 实训内容

1. 调试并改错

上机调试下面的程序，修改其中存在的错误。

(1) 程序代码如下：

```
#include <stdio.h>
main()
{
    float a, b, s;
    scanf("%f%f", &a, &b);
    s = sum(a, b);
    printf("sum=%f", s);
}
sum(int x, y)
{
    int s;
    s = x + y;
    return s;
}
```

(2) 程序代码如下：

```
#include <stdio.h>
main()
{
    int n;
    printf("n=%d", n);
    printstar(n);
    void printstar(n)
    {
        int i;
        for(i=1; i<=n; i++)
           printf("*");
    }
}
```

2. 运行与分析

运行下列程序，分析并观察运行结果。

(1) 程序代码如下：

```
#include <stdio.h>
main()
{
    int x, y, z, t, m;
    int max(int,int);
    scanf("%d,%d,%d", &x, &y, &z);
    t = max(x, y);
    m = max(t, z);
    printf("%d", m);
}
int max(int a, int b)
{
    if(a>b)
        return(a);
    else
        return(b);
}
```

运行时输入：

```
10, 35, -20 ↙
```

(2) 程序代码如下：

```
#include <stdio.h>
main()
{
    int a[2];
    void s(int[]);
    printf("a[0]=");
    scanf("%d", &a[0]);
    printf("a[1]=");
    scanf("%d", &a[1]);
    s(a);
    printf("a[0]=%d,a[1]=%d\n", a[0], a[1]);
}
void s(int b[])
{
    int t;
    t = b[0];
    b[0] = b[1];
    b[1] = t;
}
```

3. 完善程序

下面程序的功能是，输入一个ASCII码值，输出从该ASCII码开始的连续10个字符。

在横线处填写正确的语句或表达式，使程序完整。上机调试程序，使程序的运行结果与给出的结果一致。具体代码如下：

```
#include <stdio.h>
main()
{
    void put(int);
    int ascii;    //  变量 ascii 存放输入的 ASCII 码值
    printf("输入一个 ASCII 码: ");
    ____________________;
    put(______________________);
}
void put(int n)
{
    int i, a;
    for(i=1; _______; i++)
    {
        a = n + i - 1;
        putchar(_______);
    }
}
```

运行结果一：

```
输入一个 ASCII 码: 97 ↙
abcdefghij
```

运行结果二：

```
输入一个 ASCII 码: 33 ↙
!"#$%&'()*
```

7.9 上机实训二：局部变量和全局变量

7.9.1 实训目的

(1) 理解局部变量和全局变量的概念及其特点。

(2) 能熟练运用全局变量实现函数之间的数据传递。

7.9.2 实训内容

1. 调试与改错

上机调试下面的程序，修改其中存在的错误。

(1) 程序代码如下：

```
#include <stdio.h>
main()
```

```
{
   int a=1, c;
   func();
   c = a + b;
   printf("c=%d", c);
}
int b=2;
func()
{
   b++;
}
```

(2) 程序代码如下：

```
#include <stdio.h>
int a, b;
main()
{
   int c;
   a = 1;
   b = 2;
   c = sum(a, b);
   printf("c=%d", c);
}
sum(a, b)
{
   int s;
   s = a + b;
   return s;
}
```

2. 运行与分析

运行下列程序，分析并观察运行结果。

(1) 程序代码如下：

```
#include <stdio.h>
f()
{
   int a;
   a = 20;
   printf("a=%d\n", a);
}
main()
{
   int a;
   a = 10;
   f();
   printf("a=%d\n", a);
}
```

(2) 程序代码如下：

```
#include <stdio.h>
int x, y;
s()
{
    int z;
    x = 3;
    y = 4;
    z = x + y;
    return(z);
}
main()
{
    int n;
    x = 1;
    y = 2;
    n = x + y;
    printf("x=%d,y=%d,n=%d\n", x, y, n);
    n = s();
    printf("x=%d,y=%d,n=%d\n", x, y, n);
}
```

(3) 程序代码如下：

```
#include <stdio.h>
int a = 10;
f()
{
    int a;
    a = 15;
}
main()
{
    a--;
    f();
    printf("a=%d\n", a);
}
```

3. 完善程序

在下面的程序中，主函数调用了 LineMax()函数，实现在 N 行 M 列的二维数组中找出每一行上的最大值。在程序的横线处填写正确的语句或表达式，使程序完整。上机调试程序，使程序的运行结果与给出的结果一致。

```
#include <stdio.h>
#define N 3
#define M 4
int max[N];
main()
```

```
{
    int num[N][M] = {12, 35, 2, 65, 33, 68, 2, 5, 1, 56, 3, 10};
    int i;
    ____________________________________;
    for(i=0; i<N; i++)
        printf("%d row : max=%d\n", i+1, ______________________________);
}
LineMax(int x[N][M])
{
    int i, j;
    for(i=0; i<N; i++)
    {
        max[i] = x[i][0];
        for(j=1; j<M; j++)
            if(x[i][j] > max[i])
                ____________________________________;
    }
}
```

运行结果如下：

```
1 row : max=65
2 row : max=68
3 row : max=56
```

7.10　综合项目实训

7.10.1　实训内容

在本章的 7.1 节中，曾介绍过一个加、减、乘、除算术程序的模块结构。在本次的综合项目实训中，将逐步完成这个既有趣味性又有实用性的程序设计。

要设计的是一个帮助小学生进行算术练习的程序，它具有以下几项功能。

(1) 提供加、减、乘、除 4 种基本算术运算的题目，每道运算题中的操作数是随机产生的，且操作数为不超过 2 位数的正整数。

(2) 练习者根据显示出的题目输入自己的答案，程序自动判断输入的答案是否正确，并显示出相应的信息。若练习者的答案错了，程序就发出报警声，并给出正确的答案。

(3) 用菜单显示提供的 4 种算术运算。

7.10.2　程序分析

通常，可以在主函数中实现菜单功能。加、减、乘、除 4 种算术运算的出题与正误判断则分别在 4 个函数模块中实现，这 4 个模块中有两个功能是共同的，即算术题目的显示和答错题时报警声的产生，因此，这两个共同的功能可以分别用两个函数来实现，4 个运算模块可调用这两个函数。整个算术练习程序的模块结构如图 7.8 所示。

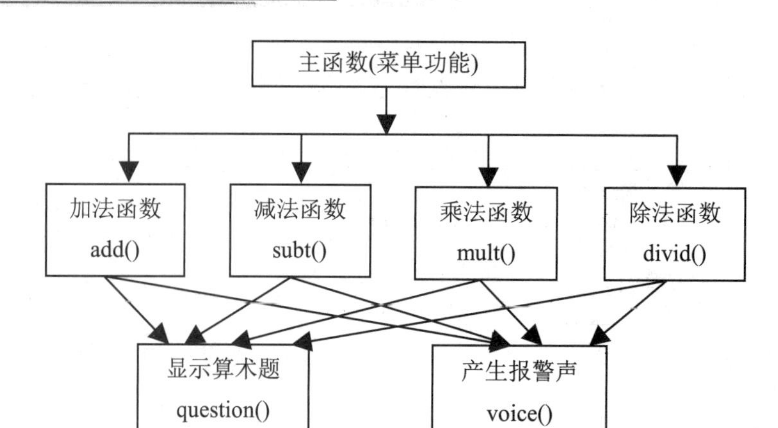

图 7.8　程序的模块结构

在具体的编程过程中，需要考虑以下两个细节。

(1)　菜单的实现。

可参照本章例 7.24 完成本章任务中的方法，用 switch 语句实现菜单的选择。为了方便程序的使用，每项运算功能执行完后，并不立即结束程序，而是又回到菜单，直到选择菜单中的“退出”选项时，才结束程序。这可以通过循环结构来实现。

(2)　运算题目的随机产生。

可以利用库函数 rand()解决随机出题的问题。rand()是一个随机数生成器，返回 0~RAND_MAX 之间均匀分布的伪随机整数，其调用格式是：

```
rand();
rand()%10           //产生 0~9 之间的随机整数
rand()%100          //产生 0~99 之间的随机整数
rand()%90+10        //产生 10~99 之间的随机整数
```

下面程序段的作用是产生不超过两位数的加法题(操作数的范围是 0 至 99)：

```
num1 = rand()%100;
num2 = rand()%100;
printf("%d + %d = ", num1, num2);
```

需要注意的是，rand()产生的是伪随机数，即随机数生成器总是以相同的种子开始，所以形成的伪随机数列也相同。使用 srand()函数可以设置不同的随机数种子，通常用变化的数(比如时间)来作为随机数生成器的种子，方法如下：

```
srand(time(0));
```

7.10.3　部分源程序代码

本程序中共有 7 个函数，下面只给出 main()、add()、question()和 voice()这 4 个函数的代码，剩下的 subt()、mult()和 divid()这 3 个函数为空函数，要求自行完成其具体内容。

```
#include <stdlib.h>
#include <time.h>
```

```
#include <stdio.h>
#include <windows.h>
#include <conio.h>
void add(),subt(),mult(),divid();
void question(int,int,char),voice();
main()
{
    char choice;
    srand(time(0));  // 用时间值来设置随机数种子，以初始化随机数发生器
    while(1)
    {
        system("cls");
        printf("1. 加法练习\n");        //  显示菜单
        printf("2. 减法练习\n");
        printf("3. 乘法练习\n");
        printf("4. 除法练习\n");
        printf("5. 退    出\n");
        printf("请选择(1 2 3 4 5): ");
        choice = getch();        //  输入选择项
        switch(choice)
        {
        case '1': add();
                  break;
        case '2': subt();
                  break;
        case '3': mult();
                  break;
        case '4': divid();
                  break;
        case '5': exit(0);      //  结束程序
        default : printf("无效选项，按任意键返回……");
                  getch();
        }
    }
}
void add()
{
    int i, num1, num2, answer;
    system("cls");
    for(i=1; i<=5; i++)       //  出 5 道加法题
    {
        num1 = rand()%100;
        num2 = rand()%100;
        question(num1, num2, '+');
        scanf("%d", &answer);
        if (answer == num1+num2)
            puts("正确!\n ");
        else
        {
            voice();
            printf("错了! 正确答案是: %d\n", num1 + num2);
```

```
        }
    }
    printf("\n 按任意键返回 …… ");
    getch();
}

void question(int n1, int n2, char opt)
{
    printf("%d %c %d =", n1, opt, n2);
}
void voice()  // 发声
{
    int i;
    for(i=1; i<=3; i++)      // 连续以三种渐升的频率发声
        Beep(i*500,100);  // 第一个参数为发声频率，第二个参数为持续时间(毫秒)
}

// 请读者自己独立完成以下 3 个函数
void subt()
{
    // ...
}

void mult()
{
    // ...
}

void divid()
{
    // ...
}
```

7.10.4 实训报告

上机实训之后，完成以下实训报告的填写。

班级		姓名		学号	
课程名称		实训指导教师			
实训名称	一个算术练习程序的实现				
实训目的	(1) 在设计较复杂的程序时，能熟练运用函数实现程序的模块化 (2) 了解随机函数 rand()的功能和调用格式 (3) 掌握简易菜单的实现方法及利用若干函数分别实现菜单中各选项功能的方法				
实训要求	(1) 在上机之前预习实训内容，并完成整个程序的编写 (2) 上机运行并调试程序，得出最终的正确结果 (3) 完成实训报告				

续表

程序功能	
源程序清单	
运行结果	
程序调试 情况说明	
实训体会	
实训建议	

7.11 习　　题

1. 填空题

(1) C 语言函数分成________和________两大类。

(2) 一个 C 程序由主函数和若干________组成，各个函数在程序中的定义是________的。

(3) 函数的递归调用是指________。

(4) 当________作函数参数时，实参与形参的传递为“地址传递”。

(5) 根据变量作用范围的不同，可将变量分为________变量和________变量。根据变量生存期的不同，可以将变量分为________变量和________变量。

(6) 局部变量是指________，用 static 声明的局部变量的特点是________。

2. 选择题

(1) 如果一个函数有返回值，那么这个函数只有________个返回值。

A. 1　　B. 2　　C. 3　　D. 不确定

(2) 下面关于空函数的定义，正确的是________。

A. int max(int x, int y);　　B. int max(int x, int y){}

C. int max(int x, y){}　　D. int max(int x; int y){}

(3) 以下错误的描述是________。

A. 函数调用可以出现在执行语句中

B. 函数调用可以出现在一个表达式中

C. 函数调用可以作为一个函数的形参

D. 函数调用可以作为一个函数的实参

(4) 调用一个不含 return 语句的函数，以下正确的说法是________。

A. 该函数没有返回值

B. 该函数返回一个固定的系统默认值

C. 该函数返回一个用户所希望的函数值

D. 该函数返回一个不确定的值

(5) 下面函数调用语句中含有实参的个数为________。

```
func(exp1, (exp2, exp3), exp4);
```

A. 1　　B. 2　　C. 3　　D. 4

(6) 数组名作函数参数时，实参传递给形参的是________。

A. 数组元素的个数　　B. 数组的首地址

C. 数组第一个元素的值　　D. 数组中所有元素的值

3. 改错题

指出并改正下面程序在函数定义或调用中的错误。

(1) 程序代码(部分)如下:

```
main()
{
    int a;
    // ...
    f(a);
    // ...
}
f(x)
{
    // ...
}
```

(2) 程序代码(部分)如下:

```
main()
{
    int a;
    // ...
    f(a);
    // ...
}
f(x)
float x;
{
    // ...
}
```

(3) 程序代码(部分)如下:

```
main()
{
    // ...
    f();
    // ...
}
f();
{
    // ...
}
```

(4) 程序代码(部分)如下:

```
main()
{
    void f();
    // ...
    m = f();
    // ...
}
void f()
{
    // ...
}
```

4. 分析题

分析下列程序，写出运行结果。

(1) 程序代码如下：

```
#include <stdio.h>
main()
{
    int a=2, b;
    int f(int);
    b = f(a);
    printf("b=%d", b);
}
int f(int x)
{
    int y;
    y = x * x;
    return y;
}
```

(2) 程序代码如下：

```
#include <stdio.h>
main()
{
    int a, b;
    void swap(int, int);
    printf("a=");
    scanf("%d", &a);
    printf("b=");
    scanf("%d", &b);
    swap(a, b);
    printf("a=%d,b=%d", a, b);
}
void swap(int x, int y)
{
    int t;
    t = x;
    x = y;
    y = t;
}
```

(3) 程序代码如下：

```
#include <stdio.h>
int x;
f()
{
    x++;
}
main()
{
```

```
    x = 1;
    f();
    x++;
    printf("x=%d", x);
}
```

(4) 程序代码如下:

```
#include <stdio.h>
main()
{
    int x = 10;
    {
        int x = 20;
        printf("x=%d", x);
    }
    x++;
    printf("x=%d", x);
}
```

(5) 程序代码如下:

```
#include <stdio.h>
main()
{
    int i, num[5]={1, 2, 3, 4, 5};
    void f(num);
    for(i=0; i<5; i++)
        printf("num[%d]=%d\n", i, num[i]);
}
void f(int a[])
{
    int i;
    for(i=0; i<5; i++)
        a[i] = a[i] + 1;
}
```

5. 编程题

(1) 编写一个判断奇偶数的函数，要求在主函数中输入一个整数，输出该数是奇数还是偶数的信息。

(2) 编写一个函数，完成将3个数按从小到大的顺序输出。

(3) 输入一个以秒为单位的时间值，将其转化成“时:分:秒”的形式输出。将转换操作定义成函数。

(4) 编写一个函数，求一组学生成绩的总分、平均分、最高分和最低分。要求在调用该函数的主函数中输入学生成绩。

(5) 编写一个程序，显示如下菜单并实现相应的菜单选择功能:

```
************************************
        1. 求整数n的立方
```

```
        2. 求整数 n 的立方根
        3. 结束程序
************************************
```

要求:

① 菜单中的 1、2 两项功能分别由两个函数来实现。

② 每项功能执行完之后均返回到菜单，直到输入 3 结束程序的运行。

(6) 用递归法求 n!(n!=1×2×3×…×n)。

第8章　指　针

指针是C语言中一个重要的概念，它充分体现了C语言简洁、紧凑、高效等重要特色。正确而灵活地运用指针，可以有效地表示复杂的数据结构，能动态分配内存，能方便地使用字符串，能有效并方便地使用数组，能直接处理内存地址等，这对编写系统代码是很有必要的。可以说，没掌握指针知识就没掌握C语言的精华。

指针知识概念复杂，使用灵活，初学时常会出错，在学习中除了要正确理解基本概念，还必须多编程、多上机调试，这样才能快速地掌握指针的知识。

本章内容：

- 指针的概念。
- 指针变量的定义、初始化及指针的运算。
- 指针与数组、指针与函数、指针与字符串。
- 指向指针的指针。

学习目标：

- 理解指针的概念。
- 掌握指针变量的定义、初始化及指针的运算。
- 掌握指针与数组、指针与函数、指针与字符串等知识。
- 在实际编程中能够灵活地运用指针来解决实际问题。

本章任务：

排序是程序设计中经常遇到的问题。本章的任务是通过指针实现对数据的排序。通过几个示例，体现出指针的灵活性和高效性，让读者更好地领会和掌握指针的相关知识。

任务可以分解为三部分：

- 3个整数的排序并输出。
- 输入几个学生的成绩，对其进行冒泡排序并显示。
- 用指针数组实现对多个字符串的排序并输出。

8.1　指针的概念

指针是C语言中广泛使用的一种数据类型。使用指针编程是C语言最主要的风格之一。利用指针变量可以表示各种数据结构；能很方便地使用数组和字符串；并能像汇编语言一样处理内存地址，从而编写出精练并高效的程序。指针极大地丰富了C语言的功能。学习指针是学习C语言中最重要的一环，能否正确理解和使用指针，是衡量我们是否已掌握C语言知识的一个重要标志。

8.1.1 指针和指针变量

在计算机中，所有的数据都是存放在存储器中的。一般把存储器中的一个字节称为一个内存单元，内存中每一个字节都有一个确定其位置的地址，而每个变量在编译时都在内存分配连续的一定字节数的存储单元，不同的数据类型所占用的内存单元数不等，如字符型变量分配 1 个字节，整型变量分配两个连续字节，单精度实型变量分配 4 个连续字节，双精度实型变量分配 8 个连续字节。变量分配的存储单元的第一个字节的地址就是该变量的地址。

编译程序在对源程序进行编译时，每遇到一个变量，就为它分配存储单元，同时记录变量的名称、变量的数据类型和变量的地址。

例如有下面的变量定义：

```
char c;
int i = 3;
float f;
```

假设我们为变量分配的内存如图 8.1 所示，则记录下来的变量与地址的对照情况将如表 8.1 所示。

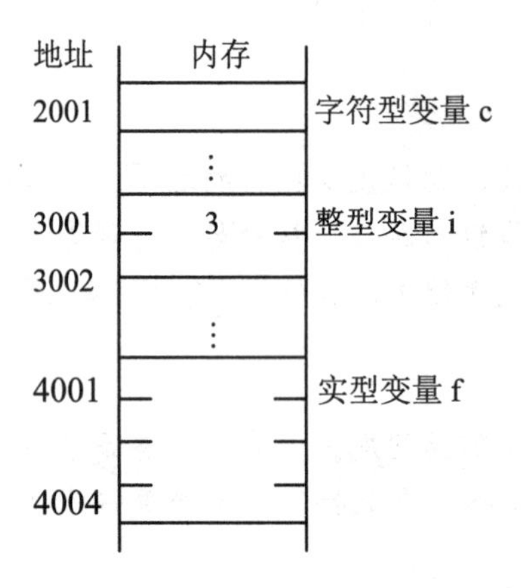

图 8.1　为变量分配的内存

表 8.1　变量与地址对照表

变 量 名	数据类型	地　址
c	char	2001
i	int	3001
f	float	4001

如果在程序中出现 i=i*2; 实际的操作过程是：在变量与地址对照表中找到变量 i，取出 i 的地址 3001，参考数据类型从地址 3001 开始的两个字节组成的存储单元中取出整数 3，与 2 相乘得 6，然后在变量与地址对照表中找到变量 i 的地址 3001，参考数据类型，将结果 6 存入从地址 3001 开始的两个字节组成的存储单元中。

由上述操作可知，通过变量名查取变量的地址，再根据变量的数据类型从变量对应地址的内存单元中取数据或向变量对应地址的内存单元中存数据。由于地址起到寻找操作对象的作用，像一个指向对象的指针，所以把地址称为“指针”。

由于变量的存储位置是系统分配的，用户不能改变变量的存储位置，所以变量的指针是一个地址常量，其值通过取地址符&得到，其一般格式为：

```
&变量名
```

例如针对前面的变量定义和内存地址假设，则&c 的值为 2001，&i 的值为 3001，&f 的值为 4001。

由此可见，指针就是“内存单元的地址”。指针指向一个内存单元。指针变量就是地址变量。地址(指针)也是数据，可以保存在一个变量中。保存地址(指针)数据的变量称为指针变量。而变量的指针就是“变量的地址”。变量的指针指向一个变量对应的内存单元。

既然指针变量的值是一个地址，那么这个地址不仅可以是变量的地址，也可以是其他数据类型的地址，如数组的首地址等。

8.1.2 指针变量的定义

指针变量的定义方法如下：

```
类型声明符  *变量名;
```

其中，“*”表示这是一个指针变量，变量名即为定义的指针变量名，类型声明符表示该指针变量所指向的变量的数据类型。例如：

```
int *p1, *p2;    // 定义两个指针变量p1、p2，指向的数据类型为整型
float *f;        // 定义指针变量f，指向的数据类型为浮点型
char *pc;        // 定义指针变量pc，指向的数据类型为字符型
```

说明：

- C 语言规定所有变量必须先定义后使用，指针变量也不例外，为了表示指针变量是存放地址的特殊变量，定义变量时在变量名前加指向符号“*”。
- 定义指针变量时，不仅要定义指针变量名，还必须指出指针变量所指向的变量的类型，或者说，一个指针变量只能指向同一数据类型的变量。由于不同类型的数据在内存中所占的字节数不同，如果同一指针变量一会儿指向整型变量，一会儿指向实型变量，就会使系统无法管理变量的字节数，从而引发错误。

8.1.3 指针变量的操作

指针变量同普通变量一样，在使用之前不仅要进行声明，而且必须赋予具体的值。未经赋值的指针变量不能使用，否则将造成系统混乱，甚至死机。指针变量的赋值只能赋予地址，决不能赋予任何其他数据，否则将引起错误。在 C 语言中，变量的地址是由编译系统分配的。

指针变量的操作主要有以下两个相关的运算符：

- &——取地址运算符。

- *——指针运算符(或称“间接访问”运算符)。

其中，取地址运算符“&”用来表示变量的地址。其一般形式为：

```
&变量名
```

例如，&a 表示变量 a 的地址，&b 表示变量 b 的地址。变量本身必须预先定义。

访问指针变量所指向的变量的一般格式为：

```
*指针变量名
```

【例 8.1】指针变量的定义和引用。程序代码如下：

```
#include <stdio.h>
main()
{
    int a = 10;
    int *p;
    p = &a;
    printf("%d  %d\n", a, *p);
}
```

运行结果：

```
10  10
```

说明：

- 定义变量时，变量名前加“*”，表示该变量为指针变量。而使用指针变量时，变量名前加“*”，则表示该指针变量所指向的变量。如，例 8.1 第 5 行的*p 表示定义指针变量 p。第 7 行 printf()函数中的*p 代表 p 所指向的变量，即变量 a。
- 指针变量在使用前一定要赋予一定的地址值，如果指针变量在使用前没有赋值，其值不确定，则使用时就容易出错，严重时会造成系统瘫痪。
- 给指针变量赋值时，类型一定要匹配，不能将一个指针直接赋给与其类型不同的指针变量。若有定义：

  ```
  int a, *p1=&a;
  float *p2;
  ```

  则下面的赋值是不合法的：

  ```
  p2 = p1;
  ```

  若想赋值，必须通过强制类型转换，例如：

  ```
  p2 = (float *)p1;
  ```

  这是因为不同类型的指针变量，它们访问的存储单元的大小不同。例如，char 型指针为一个字节，int 型指针为连续两个字节，float 型指针为连续 4 个字节，double 型指针为连续 8 个字节。
- 在 C 语言中，可以定义空类型的指针变量。

  例如：

  ```
  void *p;
  ```

其中，p为空类型的指针变量，仅表示p指向内存的某个地址位置，而它所指向的内存单元的大小没有指定。若想使用void类型的指针变量，必须通过强制类型转换。

【例8.2】输入a和b两个整数，按先大后小的顺序输出a和b。程序代码如下：

```
#include <stdio.h>
main()
{
    int *p1, *p2, *p, a, b;
    scanf("%d,%d", &a, &b);
    p1 = &a;
    p2 = &b;
    if(a < b)
    {
        p = p1;
        p1 = p2;
        p2 = p;
    }
    printf("\na=%d,b=%d\n", a, b);
    printf("max=%d,min=%d\n", *p1, *p2);
}
```

运行结果：

```
10,20 ↙
a=10,b=20
max=20,min=10
```

在学习了上述相关知识之后，我们通过下例来完成本章开篇提出的任务之一。

【例8.3】输入3个整数，按由小到大的顺序输出。编写程序代码如下：

```
#include <stdio.h>
swap(int *a1, int *a2)    // 交换函数
{
    int p;
    p = *a1;
    *a1 = *a2;
    *a2 = p;
}
main()
{
    int n1, n2, n3;
    int *p1, *p2, *p3;
    printf("请输入3个整数n1,n2,n3: ");
    scanf("%d,%d,%d", &n1, &n2, &n3);
    p1 = &n1;
    p2 = &n2;
    p3 = &n3;
    if(n1 > n2)
        swap(p1, p2);
```

```
    if(n1 > n3)
        swap(p1, p3);
    if(n2 > n3)
        swap(p2, p3);
    printf("排序后的 3 个整数为: %d,%d,%d\n", n1, n2, n3);
}
```

运行结果：

```
请输入 3 个整数 n1,n2,n3: 15,25,8 ↙
排序后 3 个整数为: 8,15,25
```

8.2 指针运算

8.2.1 指针的赋值运算

可以将一个地址赋给一个指针变量，例如：

```
p = &a;              // 将变量 a 的地址赋给指针变量 p
p = array;           // 将数组 array 的首地址赋给指针变量 p
p = &array[i];       // 将数组 array 第 i 个元素的地址赋给指针变量 p
p1 = p2;             // p1 和 p2 是同类型的指针变量，将 p2 的值赋给 p1
```

注意，不应把一个整数赋给指针变量，例如：

```
p = 1000;            // 错误!
```

有人以为可以这样将地址 1000 赋给 p。但实际上是做不到的。只能将变量已分配的地址赋给指针变量。同样，也不能把指针变量的值(地址)赋给一个整型变量。

8.2.2 指针的加减运算

可以对指针变量加(减)一个整数，如 p++、p--、p+i、p-i、p+=i、p-=i 等。

C 语言规定，一个指针变量加(减)一个整数并不是简单地将原值加(减)该整数，而是将该指针变量的值和它指向的变量所占用的内存单元字节数相加(减)，即 p+i 执行的地址运算为 p+c*i，其中，c 为指针变量 p 所指向的变量的字节数。

8.3 指针与数组

一个变量有一个地址，一个数组包含若干元素，每个数组元素都在内存中占用存储单元，它们都有相应的地址。所谓数组的指针，是指数组的起始地址(首地址)，数组元素的指针则是数组元素的地址。

8.3.1 指向数组的指针

一个数组占用一段连续的内存单元，C 语言规定数组名即为这段连续内存单元的首地址。每个数组元素按其类型的不同占用几个连续的内存单元，一个数组元素的地址就是它所占用的几个内存单元的首地址。

定义一个指向数组元素的指针变量的方法，与前面介绍的定义指针变量相同。例如：

```
int a[10];
int *p;
p = &a[0];
```

把 a[0]元素的地址赋给指针变量 p。也就是说，p 指向 a 数组的第 0 个元素。C 语言规定，数组名代表数组的首地址，也就是第 0 号元素的地址。因此，下面两个语句等价：

```
p = &a[0];
p = a;
```

在定义指针变量时可以赋给初值：

```
int *p = &a[0];
```

它等效于：

```
int *p;
p = &a[0];
```

当然定义时也可以写成：

```
int *p = a;
```

8.3.2 通过指针引用数组元素

C 语言规定，如果指针变量 p 指向数组中的一个元素，则 p+1 指向同一数组中的下一个元素(见图 8.2)。

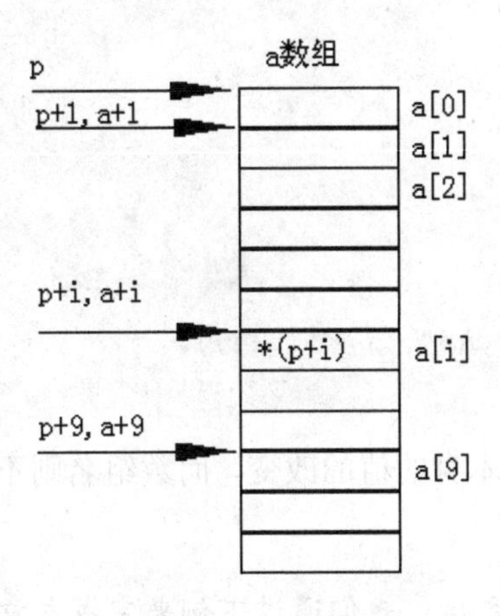

图 8.2 通过指针引用数组元素

如果 p 的初值为&a[0]，则：

- p+i 和 a+i 就是 a[i]的地址，或者说它们指向 a 数组的第 i 个元素。
- *(p+i)或*(a+i)就是 p+i 或 a+i 所指向的数组元素，即 a[i]。例如，*(p+5)或*(a+5)

就是 a[5]。指向数组的指针变量也可以带下标，如 p[i]与*(p+i)等价。

引入指针变量后，就可以用以下两种方法来访问数组元素了：

- 下标法。即用 a[i]形式访问数组元素。前面第 6 章介绍数组时就是采用这种方法。
- 指针法。即采用*(a+i)或*(p+i)的形式，用间接访问的方法来访问数组元素，其中 a 是数组名，p 是指向数组的指针变量，其值为数组的首地址。

【例 8.4】使用指针法输出数组中的全部元素。程序代码如下：

```
#include <stdio.h>
main()
{
    int a[10], i;
    for(i=0; i<5; i++)
        *(a+i) = i;
    for(i=0; i<5; i++)
        printf("a[%d]=%d\n", i, *(a+i));
}
```

运行结果：

```
a[0]=0
a[1]=1
a[2]=2
a[3]=3
a[4]=4
```

也可将程序改写为：

```
#include <stdio.h>
main()
{
    int a[10], i, *p;
    p = a;
    for(i=0; i<10; i++)
        *(p+i) = i;
    for(i=0; i<10; i++)
        printf("a[%d]=%d\n", i, *(p+i));
}
```

注意，指针变量可以实现本身的值的改变，而数组名则不能。例如，p++是合法的，而 a++是错误的。

在学习了上述相关知识之后，我们通过下例来完成本章开篇提出的任务之二。

【例 8.5】输入几个学生的成绩，对成绩进行冒泡排序并显示。

方法 1——形参为数组名，实参为指针变量。编写程序代码如下：

```
#include <stdio.h>
#define N 3
```

```
void sort(float score[]) // 对成绩排序，形参为数组名，实参为指针变量
{
    int i, j;
    float t;
    for(i=0; i<N; i++)
        for(j=0; j<N-1-i; j++)
            if(score[j] < score[j+1])
            {
                t = score[j];
                score[j] = score[j+1];
                score[j+1] = t;
            }
}
main()
{
    float score[N], max, *p=score;
    int i;
    printf("输入学生成绩:\n");
    for(i=0; i<N; i++)
        scanf("%f", &score[i]);
    sort(p);
    printf("排序结果:\n");
    for(i=0; i<N; i++)
        printf("%6.1f", score[i]);
    printf("\n");
}
```

运行结果：

```
输入学生成绩:
98.4↙
58.5↙
85.6↙
排序结果:
98.4  85.6 58.5
```

方法 2——形参为指针变量，实参为数组名。编写程序代码如下：

```
#include <stdio.h>
#define N 3
void sort(float *p) //对成绩进行排序，形参为指针变量，实参为数组名
{
    int i,j;
    float t;
    for(i=0; i<N-1; i++)
        for(j=0; j<N-1-i; j++)
            if(*(p+j) < *(p+j+1))
            {
```

```
                t = *(p+j);
                *(p+j) = *(p+j+1);
                *(p+j+1) = t;
            }
}
main()
{
    float score[N];
    int i;
    printf("输入学生成绩:\n");
    for(i=0; i<N; i++)
        scanf("%f", &score[i]);
    sort(score);
    printf("排序结果:\n");
    for(i=0; i<N; i++)
        printf("%6.1f", score[i]);
    printf("\n");
}
```

方法 3——形参和实参均为指针变量。编写程序代码如下：

```
#include <stdio.h>
#define N 3
void sort(float *p)   // 对成绩进行排序，形参和实参均为指针变量
{
    int i, j;
    float t;
    for(i=0; i<N-1; i++)
        for(j=0; j<N-1-i; j++)
            if(*(p+j) < *(p+j+1))
            {
                t = *(p+j);
                *(p+j) = *(p+j+1);
                *(p+j+1) = t;
            }
}
main()
{
    float score[N], *p=score;
    int i;
    printf("输入学生成绩:\n");
    for(i=0; i<N; i++)
        scanf("%f", &score[i]);
    sort(p);
    printf("排序结果:\n");
    for(i=0; i<N; i++)
        printf("%6.1f", score[i]);
    printf("\n");
}
```

8.4　指针与字符串

8.4.1　指向字符串的指针

前面第 6 章介绍了利用字符数组处理字符串的方法，除此之外，还可以用字符指针来处理字符串。

【例 8.6】用字符指针访问字符串。程序代码如下：

```
#include <stdio.h>
main()
{
    char *string = "I am a student.";
    printf("%s\n", string);
}
```

运行结果：

```
I am a student.
```

程序说明：

程序第 4 行定义了指向字符串的指针变量 string，并将字符串“I am a student.”的首地址赋值给 string。第 4 行也可以写成：

```
char *string;
string = "I am a student.";
```

【例 8.7】在字符串中查找有无指定的字符。程序代码如下：

```
#include <stdio.h>
main()
{
    char str[50], *p;
    int i;
    p = str;
    printf("输入一个字符串:\n");
    scanf("%s", p);
    for(; *p!='\0'; p++)
        if(*p == 's')  break;
    if(*p == '\0')
        printf("该字符串中没有 's' \n");
    else
        printf("该字符串中有 's' \n");
}
```

运行结果：

```
输入一个字符串:
esrftf↙
该字符串中有 's'
please input a string:
```

```
ertyu↙
该字符串中没有 's'
```

8.4.2　字符串指针变量与字符数组的区别

用字符数组和字符指针变量都可实现字符串的存储和处理，但是两者是有区别的。例如：

```
char *ps = "C Language";
```

可以写为：

```
char *ps;
ps = "C Language";
```

而：

```
char st[] = "C Language";
```

不能写为：

```
char st[20];
st = "C Language";      //  错误!
```

可以看出，使用指针变量处理字符串更加方便。

8.5　指针与函数

8.5.1　函数指针变量

在 C 语言中，一个函数总是占用一段连续的内存区，而函数名则是这段内存区的首地址。可以将函数的首地址赋给一个指针变量，使指针变量指向该函数，然后通过该指针变量调用此函数。我们把这种指向函数的指针变量称为“函数指针变量”。

函数指针变量定义的一般形式为：

```
函数类型声明符  (*指针变量名)(形参列表);
```

其中“类型声明符”表示被指函数的返回值的类型。“(*指针变量名)”表示“*”后面的变量是定义的指针变量，“形参列表”表示指针变量指向的函数所带的参数列表。

例如，对于函数 int f(int a)，我们定义一个指向该函数的函数指针变量 fp，应采用如下格式：

```
int (*fp)(int a);
```

或

```
int (*fp)(int);
```

【例 8.8】使用函数指针变量实现对函数的调用。程序代码如下：

```
#include <stdio.h>
main()
{
    int max(int, int); //  函数声明
    int(*pmax)(int, int);      //  定义函数指针变量pmax
    int x, y, z;
    pmax = max;        //  将max()函数的首地址赋给函数指针变量pmax
    printf("输入两个整数：");
    scanf("%d%d", &x, &y);
    z = (*pmax)(x, y);    //  使用函数指针变量调用函数
    printf("最大值=%d\n", z);
}
int max(int a, int b)
{
    if(a > b)
        return a;
    else
        return b;
}
```

运行结果：

```
输入两个整数：80  77 ↙
最大值=80
```

从上述程序可以看出，用函数指针变量调用函数的步骤如下。

(1) 先定义函数指针变量。

(2) 把被调函数的首地址(即函数名)赋给该函数指针变量。

(3) 用函数指针变量调用函数，其一般形式为：

```
(*指针变量名)(实参表)
```

使用函数指针变量还应注意以下两点：

- 函数指针变量不能进行算术运算，这是与数组指针变量不同的。数组指针变量加减一个整数可使指针移动指向后面或前面的数组元素，而函数指针的移动是毫无意义的。
- 函数调用中“(*指针变量名)”两边的括号不可少。

8.5.2 指针型函数

C语言中允许一个函数的返回值是一个指针，这种返回指针值的函数称为指针型函数。定义指针型函数的一般形式为：

```
类型声明符 *函数名(形参列表)
{
    函数体
}
```

其中在返回类型声明符之后加了“*”号，表明这是一个指针型函数，即返回值是一个指针。类型声明符表示了返回的指针值所指向的数据类型。例如：

```
int *f(int x, int y)
{
    函数体
}
```

表示函数 f 是一个返回指针值的指针型函数，它返回的指针指向一个整型数据。

【例 8.9】通过指针函数输入一个 1~7 之间的整数，输出对应的星期名称。代码如下：

```
#include <stdio.h>
main()
{
    int i;
    char *day_name(int n);
    printf("输入一个 1~7 之间的整数：");
    scanf("%d", &i);
    printf("%s\n", day_name(i));
}
char *day_name(int n)
{
    static char *name[] = {"无效", "星期一", "星期二",
           "星期三", "星期四", "星期五", "星期六", "星期天"};
    return ((n<1||n>7) ? name[0] : name[n]);
}
```

运行结果：

```
输入一个 1~7 之间的整数：2 ↙
星期二
```

程序说明：

本例中定义了一个指针型函数 day_name()，它的返回值指向一个字符串。该函数中定义了一个静态指针数组 name。name 数组初始化赋值为 8 个字符串，分别表示各个星期名称及出错提示。形参 n 表示与星期名称所对应的整数。

在学习了上述相关知识之后，我们通过下例来完成本章开篇提出的任务之三。

【例 8.10】使用选择排序法，并利用指针数组对字符串进行排序。编写程序代码如下：

```
#include <stdio.h>
#include <string.h>
#define N 3
#define M 20
void main()
{
    int i, j;
    char strname[N][M], *str[N], *p;
    printf("输入 %d 组字符串:\n", N);
    for(i=0; i<N; i++)
    {
        gets(strname[i]);          // 从键盘输入字符串，存入字符数组 strname 中
        str[i] = strname[i];       // 为指针数组赋值，使其指向相应的字符串
    }
```

```
    for(i=0; i<N; i++)
    {
        for(j=i+1; j<N; j++)
            if(strcmp(str[i],str[j]) > 0)      // 对字符串进行排序
            {
                p = str[i];
                str[i] = str[j];
                str[j] = p;
            }
    }

    printf("\n 排序结果:\n");
    for(i=0; i<N; i++)                          // 输出排序后的字符串
        printf("%s\n", str[i]);
}
```

8.6 指向指针的指针

如果一个指针变量存放的又是另一个指针变量的地址，则称这个指针变量为指向指针的指针变量。

定义一个指向指针型数据的指针变量的方法如下：

```
类型声明符 **指针变量名;
```

例如：

```
char **p;      // 定义了一个指向字符型指针的指针变量 p
```

【例 8.11】使用指向指针的指针。程序代码如下：

```
#include <stdio.h>
main()
{
    char *name[] =
            {"大数据", "人工智能", "物联网", "智能家居", "移动应用"};
    char **p;
    int i;
    for(i=0; i<5; i++)
    {
        p = name + i;
        printf("%s\n", *p);
    }
}
```

运行结果：

```
大数据
人工智能
物联网
智能家居
移动应用
```

【例 8.12】一个指针数组的简单例子。程序代码如下：

```
#include <stdio.h>
main()
{
    static int a[5] = {2, 4, 6, 8, 10};
    int *num[5] = {&a[0], &a[1], &a[2], &a[3], &a[4]};
    int **p, i;
    p = num;
    for(i=0; i<5; i++)
    {
        printf("%d\t", **p);
        p++;
    }
}
```

运行结果：

```
2       4       6       8       10
```

8.7　上机实训：指针的应用

8.7.1　实训目的

(1) 掌握指针变量的定义、初始化以及通过指针变量访问数据的方法。

(2) 能够在实际编程中灵活运用各类指针。

8.7.2　实训内容

1. 运行与分析

运行下列程序，分析并观察运行结果。

(1) 程序代码如下：

```
#include <stdio.h>
main()
{
    int a[10] = {1, 2, 3, 4, 5, 6, 7, 8, 9, 10};
    int *p;
    for(p=a; p<a+10; p++)
    {
        printf("address=%x\t", p);
```

```
        printf("value=%d\n", *p);
    }
    printf("%d\t", p);
    printf("%d\n", *p);
}
```

(2) 程序代码如下：

```
#include <stdio.h>
swap(int *x, int *y)
{
    int t;
    t = *x;
    *x = *y;
    *y = t;
    printf("%d,%d\n", *x, *y);
}
main()
{
    int a = 8, b = 9;
    swap(&a, &b);
    printf("%d,%d\n", a, b);
}
```

2. 编程与调试

编程序并上机调试运行(都要求用指针处理)。

(1) 输入一行文字，分别统计其中大写字母、小写字母、空格以及数字字符的个数。

(2) 用指向指针的指针的方法对 n 个整数排序并输出。要求将排序单独写成一个函数。n 和各整数在主函数中输入，最后在主函数中输出排序结果。

8.8 习 题

1. 填空题

(1) 若有定义 int i;，则使指针 p 指向变量 i 的定义语句是________，使指针 p 指向变量 i 的赋值语句是________。

(2) 下面程序段的运行结果是________。

```
char s[80], *sp="HELLO!";
sp = strcpy(s, sp);
s[0] = 'h';
puts(sp);
```

(3) 下面程序段的运行结果是________。

```
char str[]="abc\0def\0ghi", *p=str;
printf("%s", p + 5);
```

(4) 若有定义：int a[]={2, 4, 6, 8, 10, 12}; *p=a;，则*(p+1)的值是________，*(a+5)的值是________。

2. 选择题

(1) 变量的指针，其含义是指该变量的________。

A. 值　　B. 地址　　C. 名　　D. 一个标志

(2) 若有语句 int *point, a=4;和 point=&a; 下面均代表地址的一组选项是________。

A. a, point, *&a　　B. &*a, &a, *point

C. *&point, *point, &a　　D. &a, &*point, point

(3) 若有声明 int *p, m=5, n;，以下正确的程序段是________。

A. p=&n;
scanf("%d", &p);

B. p=&n;
scanf("%d", *p);

C. scanf("%d", &n);
*p=n;

D. p=&n;
*p=m;

(4) 下面程序段的运行结果是________。

```
char *s = "abcde";
s += 2;
printf("%d", s);
```

A. cde

B. 字符'c'

C. 字符'c'的地址

D. 无确定的输出结果

(5) 设 p1 和 p2 是指向同一个字符串的指针变量，c 为字符变量，则以下不能正确执行的赋值语句是________。

A. c=*p1+*p2;　　B. p2=c;　　C. p1=p2;　　D. c=*p1*(*p2);

(6) 若有声明语句：

```
char a[] = "It is mine";
char *p = "It is mine";
```

则以下不正确的叙述是________。

A. a+1 表示的是字符 t 的地址

B. p 指向另外的字符串时，字符串的长度不受限制

C. p 变量中存放的地址值可以改变

D. a 中只能存放 10 个字符

(7) 下面程序的运行结果是________。

```
#include <stdio.h>
#include <string.h>
main()
{
    char *s1 = "AbDeG";
```

```
    char *s2 = "AbdEg";
    s1 += 2;
    s2 += 2;
    printf("%d\n", strcmp(s1, s2));
}
```

A. 正数　　B. 负数　　C. 零　　D. 不确定的值

(8) 若有以下定义，则对 a 数组元素的正确引用是__________。

```
int a[5], *p=a;
```

A. *&a[5]　　B. a+2　　C. *(p+5)　　D. *(a+2)

(9) 若有定义：int a[2][3];，则对 a 数组的第 i 行 j 列元素地址的正确引用为________。

A. *(a[i]+j)　　B. (a+i)　　C. *(a+j)　　D. a[i]+j

(10) 若有以下定义，则 p+5 表示__________。

```
int a[10], *p=a;
```

A. 元素 a[5]的地址　　B. 元素 a[5]的值

C. 元素 a[6]的地址　　D. 元素 a[6]的值

3. 编程题

编写一个函数 f(char *s)，其功能是把字符串中的内容逆置。例如，字符串中原有的内容为 abcde，则调用该函数后，字符串中的内容为 edcba。

第 9 章　结构体和共用体

在实际生活中，常常会遇到这样的问题：一组数据中的每一个数据之间都有着密切的关系，它们作为一个整体来描述一个事物的几个方面，但却有着不同的数据类型。例如，有关学生的信息，对于每个学生来说，都包含了姓名、性别、籍贯、学号、成绩等项目，其中姓名、性别、籍贯、学号的数据类型可以为字符型数据，而成绩为实型数据。显然，这些数据因为数据类型不同，不能用一个数组去描述，因为数组中各元素的类型和长度都必须一致，以便于系统处理。但是如果用不同的变量分别进行描述，就很难体现它们之间的内在联系，而在程序中应该把它们视为同一个数据类型的成员。

在 C 语言中引入了一种数据类型——结构体类型。这种类型的变量可以拥有不同数据类型的成员。本章主要介绍结构体和共用体的定义和引用方法。

本章内容：

- 结构体的定义和引用。
- 链表的定义和操作。
- 共用体的定义和引用。

学习目标：

- 了解结构体的概念，掌握结构体的定义方法。
- 掌握结构体的初始化，能正确地引用结构体。
- 掌握链表的定义和操作。
- 了解共用体的概念，掌握共用体的定义方法，能正确地引用共用体。
- 在实际编程中能够灵活地运用结构体、链表和共用体来解决问题。

本章任务：

在实际编程中，常常会对大批量的、相对有一定内在联系的数据进行处理。本章要完成的任务就是处理一批学生成绩，要求分别输入一组学生的姓名、高等数学成绩、大学英语成绩和 C 语言成绩，将这些数据存储在结构体类型变量中，可计算并显示每个学生的总成绩及平均成绩，最后按总成绩从高到低的顺序输出每个学生的名次、姓名、总成绩和平均成绩。

任务可以分解为两部分：

- 多组学生的学号、姓名、高等数学成绩、大学英语成绩和 C 语言成绩的输入、输出和处理。
- 用链表处理多组学生的学号、姓名、高等数学成绩、大学英语成绩和 C 语言成绩的输入、输出和处理。

9.1　结构体类型概述

9.1.1　结构体类型的特点

结构体是可以包含不同数据类型的一个结构，它是一种可以由用户自定义的数据类型，它与数组相比主要有两点不同。首先，结构体可以在一个结构中声明不同的数据类型。其次，相同结构的结构体变量是可以相互赋值的，而数组是做不到的，即使数据类型和数组大小完全相同。因为数组是单一数据类型的数据集合，它本身不是数据类型(而结构体是)，数组名称是常量指针，不可以作为左值进行运算，所以数组之间是不能通过数组名称相互复制的。

9.1.2　结构体类型的定义

定义结构体类型的格式为：

```
struct 结构体类型名
{
    成员类型 1 成员名 1;
    成员类型 2 成员名 2;
    ...
    成员类型 n 成员名 n;
};
```

说明：

- struct 是定义结构体类型的关键字，不能省略。
- 结构体类型名由用户命名，命名规则与标识符命名规则相同。
- 花括号({})内的部分称为结构体。结构体是由若干结构成员组成的。每个结构成员有自己的名称和数据类型，“成员名”是用户自己定义的标识符，“成员类型”既可以是基本数据类型，也可以是已定义过的某种数据类型(如数组类型、结构体类型等)。若几个结构成员具有相同的数据类型，可将它们定义在同一种成员类型之后，各成员名之间用逗号隔开。
- 结构体类型的定义应视为一个完整的语句，用一对花括号({})括起来，最后以分号结束。

例如，下面定义一个通讯录信息的结构体类型：

```
struct contactinfor  /* 定义通讯录信息结构体类型 */
{
    int number;
    char name[10];
    char telephone[12];
    char address[10];
};
```

说明：

- 这里定义了一个结构体类型 struct contactinfor，结构成员类型可以是任何合法的 C 语言类型，也可以是一个结构体类型。
- 定义一个结构体类型并不分配内存，只有在定义这个结构体类型的变量时，才分配内存。

例如，下面定义一个通讯录信息的结构体类型，在上例的基础上，增加出生日期：

```
struct date   /* 定义出生日期结构体类型 */
{
    short year;
    short month;
    short day;
};
struct contactinfor  /* 定义通讯录信息结构体类型 */
{
    int number;
    char name[10];
    char telephone[12];
    char address[10];
    struct date birthday;
    /* birthday 成员的数据类型是一个已定义过的 struct date 结构体类型 */
};
```

出生日期包含年、月、日 3 个数据项，所以要先定义一个出生日期结构体类型，然后再定义通讯录信息结构体类型。

9.2 结构体类型变量的定义和引用

9.2.1 结构体类型变量的定义

定义了结构体类型之后，只是声明了一个新的数据类型而已，系统并不为其分配内存，也就无法存储数据，只有在程序中定义结构体类型的变量之后才能存储数据，所以类型与变量是不同的概念。

结构体类型变量简称结构体变量。可以用以下 3 种方式来定义结构体变量。

(1) 先定义结构体类型，再定义结构体变量：

```
struct 结构体名
{
    成员类型 1 成员名 1;
    成员类型 2 成员名 2;
    ...
    成员类型 n 成员名 n;
};
struct 结构体名 变量名列表;
```

这种声明变量的格式与前面介绍过的变量声明语句格式类似，只是把标准类型的关键字(如 int、float 等)换成了用户定义的类型而已。例如：

```
struct contactinfor  /* 定义通讯录信息结构体类型 */
{
    int number;
    char name[10];
    char telephone[12];
    char address[10];
};
struct contactinfor contact1;    /* 定义结构体变量 contact1 */
```

(2) 定义结构体类型的同时定义结构体变量：

```
struct 结构体类型名
{
    成员类型 1 成员名 1;
    成员类型 2 成员名 2;
    ...
    成员类型 n 成员名 n;
} 变量名列表;
```

例如：

```
struct contactinfor  /* 定义通讯录信息结构体类型 */
{
    int number;
    char name[10];
    char telephone[12];
    char address[10];
} contact1, contact2;  /* 定义两个结构体变量 contact1、contact2 */
```

(3) 声明一个无名结构体类型，直接定义结构体变量：

```
struct
{
    成员类型 1 成员名 1;
    成员类型 2 成员名 2;
    ...
    成员类型 n 成员名 n;
} 变量名列表;
```

所谓无名结构体类型，是指省略<结构体类型名>的结构体类型。如果在程序中不使用结构体类型名，可以采用无名结构体类型。

由于这种定义方法不定义结构体类型名，无法记录该结构体类型，所以只能用来声明结构体变量，而且以后也不能用它声明变量或函数等。

例如：

```
struct  /* 定义通讯录信息结构体类型 */
{
    int number;
    char name[10];
    char telephone[12];
```

```
    char address[10];
} contact1, contact2;  /* 定义两个结构体变量 contact1、contact2 */
```

9.2.2 结构体类型变量的初始化和引用

1. 结构体类型变量的初始化

结构体类型变量的初始化，是指在定义结构体变量的同时给结构体变量赋初值。其初始化的方式有以下两种。

(1) 以用花括号({})括起来的若干成员值对结构体变量初始化。

例如：

```
struct contactinfor  /* 定义通讯录信息结构体类型 */
{
    int number;
    char name[10];
    char telephone[12];
    char address[10];
};
struct contactinfor contact1 =
  {16, "ZhangHua", "13521425412", "Chengdu"};
```

或者：

```
struct contactinfor  /* 定义通讯录信息结构体类型 */
{
    int number;
    char name[10];
    char telephone[12];
    char address[10];
} contact1 = {16, "ZhangHua", "13521425412", "Chengdu"};
```

上述语句是用成员值对 contactinfor 初始化，所赋的初值按顺序放在一对花括号内，系统按每个成员在结构体中的顺序一一对应赋初值，不允许跳过前面的成员给后面的成员赋初值，但可以只给前面的若干成员赋初值，即初始化数据中成员值的个数可以小于变量的成员数，对于后面未赋初值的成员，如果是数值型和字符型数据，系统自动赋初值为零。

(2) 用同类型的变量对结构体变量初始化。

例如：

```
struct contactinfor contact2 = contact1;
```

上述语句是用同类型的变量 contact1 对 contact2 初始化，这种方式是将变量 contact1 的值拷贝到 contact2 中。

2. 结构体类型变量的引用

结构体是一个构造型数据类型，由此定义的结构体变量的成员，也可以像其他类型的变量一样参与表达式运算以及用于输入、输出等操作。

对结构体变量的更多操作是通过对结构体成员的操作来实现的。可以使用结构成员操作符“.”(或称为点操作符)对成员进行访问。访问结构体成员的语法格式为：

```
结构体变量.成员名
```

成员运算符的作用是引用结构体变量中的某个成员。点运算符的优先级与下标运算符的优先级相同，是 C 语言中所有运算符优先级中最高的。

例如，要给前面定义的结构体变量 contact1 中的 name 赋值为“Li Yan”，其引用方式如下：

```
strcpy(contact1.name, "Li Yan");
```

【例 9.1】结构体类型变量的引用。

定义一个通讯录结构体类型，通讯录的数据包括序号、姓名、电话号码和地址。从键盘上输入每个通讯录记录的信息，然后输出结构体成员的数据。程序代码如下：

```
#include <stdio.h>
main()
{
    struct contactinfor  /* 定义通讯录信息结构体类型 */
    {
        int number;
        char name[10];
        char telephone[12];
        char address[10];
    } contact;
    printf("输入序号:\n");
    scanf("%d", &contact.number);
    printf("输入姓名:\n");
    scanf("%s", contact.name);
    printf("输入电话号码: \n");
    scanf("%s", contact.telephone);
    printf("输入地址:\n");
    scanf("%s", contact.address);
    printf("--------------------------------\n");
    printf("序号:%d\n", contact.number);
    printf("姓名:%s\n", contact.name);
    printf("电话号码:%s\n", contact.telephone);
    printf("地址:%s\n", contact.address);
}
```

运行结果：

```
输入序号:
0002↙
输入姓名:
HuangMing↙
输入电话号码:
13252532522↙
输入地址:
```

```
Chengdu↙
--------------------------------
序号:0002
姓名:HuangMing
电话号码: 13252532522
地址: Chengdu
```

9.3 结构体数组

9.3.1 结构体数组的定义

所谓结构体数组，是指数组的数据类型是结构体类型。结构体数组的使用与普通数组的使用一样，也是通过下标来访问数组元素的，在实际应用中，经常用结构体数组来表示具有相同数据结构的一个群体，如一个班的学生档案，一个公司的职工工资表等。

结构体变量有 3 种定义方法，因此结构体数组也具有 3 种定义方法。

(1) 先定义结构体类型，再定义结构体数组：

```
struct <结构体类型名>
{
    成员类型 1 成员名 1;
    成员类型 2 成员名 2;
    ...
    成员类型 n 成员名 n;
};
struct 结构体标识符 数组名[数组长度];
```

(2) 定义结构体类型的同时定义结构体数组：

```
struct <结构体类型名>
{
    成员类型 1 成员名 1;
    成员类型 2 成员名 2;
    ...
    成员类型 n 成员名 n;
} 数组名[数组长度];
```

(3) 使用无名结构体类型定义结构体数组：

```
struct
{
    成员类型 1 成员名 1;
    成员类型 2 成员名 2;
    ...
    成员类型 n 成员名 n;
} 数组名[数组长度];
```

9.3.2 结构体数组的初始化及使用

1. 结构体数组的初始化

可在定义结构体类型数组的同时，对其中的每一个元素进行初始化。例如：

```
struct contactinfor  /* 定义通讯录信息结构体类型，再定义结构型数组 */
{
   int number;
   char name[10];
   char telephone[12];
   char address[10];
};
struct contactinfor contact1[2]  = {
               {1, "ZhangHua", "15224524524", "Chengdu"},
               {2, "HuaMing", "15826524121", "Shanghai"}
            };
/* 定义有两个数组元素的结构体数组 contact1，并初始化 */
```

或者：

```
struct contactinfor  /* 定义结构体类型的同时定义结构体数组 */
{
   int number;
   char name[10];
   char telephone[12];
   char address[10];
} contact1[2] = {
               {1, "ZhangHua", "15224524524", "Chengdu"},
               {2, "HuaMing", "15826524121", "Shanghai"}
            };
```

2. 结构体数组的使用

结构体数组的使用即数组元素的使用，是通过下标变量实现的。对于结构体数组，需要通过下标变量来引用其结构体成员。

引用方式：

```
结构体数组名[下标].成员名
```

【例 9.2】结构体数组的引用。输入两个人的序号、姓名、电话号码和地址，并将这些信息显示在屏幕上。程序代码如下：

```
#include <stdio.h>
main()
{
   int i;
   struct contactinfor  /* 定义通讯录信息结构体类型 */
   {
      int number;
```

```
        char name[10];
        char telephone[12];
        char address[10];
    } contact[2];
    for(i=0; i<2; i++)
    {
        printf("输入序号:");
        scanf("%d", &contact[i].number);
        printf("输入姓名:");
        scanf("%s", contact[i].name);
        printf("输入电话号码: ");
        scanf("%s", contact[i].telephone);
        printf("输入地址:");
        scanf("%s", contact[i].address);
        printf("--------------------------------\n");
    }
    for(i=0; i<2; i++)
    {
        printf("序    号:%d\n", contact[i].number);
        printf("姓    名:%s\n", contact[i].name);
        printf("电话号码:%s\n", contact[i].telephone);
        printf("地    址:%s\n", contact[i].address);
        printf("--------------------------------\n");
    }
}
```

运行结果:

```
输入序号: 1↙
输入姓名: 王欢↙
输入电话号码: 13555667788↙
输入地址: 成都↙
--------------------------------
输入序号: 2↙
输入姓名: 李强↙
输入电话号码: 13555667799↙
输入地址: 重庆↙
--------------------------------
序    号: 1
姓    名: 王欢
电话号码: 13555667788
地    址: 成都
--------------------------------
序    号: 2
姓    名: 李强
电话号码: 13555667799
地    址: 重庆
```

程序说明：

在上面的程序中，首先定义了一个结构体数组 contact[2]，然后利用循环语句分别输入两个人的序号、姓名、电话号码和地址，最后再通过循环语句将两个人的信息显示在屏幕上。

在学习了上述相关知识之后，我们通过下例来完成本章开篇提出的任务之一。

【例 9.3】输入 3 个学生的学号、姓名、高等数学成绩、大学英语成绩和 C 语言成绩，输出这 3 个学生的学号、姓名、3 门课考试成绩、总成绩和平均成绩，并输出总成绩的最高分和最低分。编写程序代码如下：

```
#include <stdio.h>
#define N 3
struct student  /* 定义学生信息结构体类型*/
{
   char num[10];
   char name[10];
   int mark[3];
   int sum;    /* sum 存放总成绩 */
   float ave;   /* ave 存放平均成绩 */
};
main()
{
   struct student stu[N];
   int i;
   int max, min;  /* max 和 min 分别存放最高分和最低分 */
   for(i=0; i<N; i++)      /* 输入 3 个学生的考试成绩 */
   {
      printf("输入第%d 个学生的学号、姓名、3 门课成绩：\n", i+1);
      scanf("%s%s ", stu[i].num, stu[i].name);
      scanf("%d%d%d", &stu[i].mark[0], &stu[i].mark[1], &stu[i].mark[2]);
      stu[i].sum = stu[i].mark[0] + stu[i].mark[1] + stu[i].mark[2];
      stu[i].ave = stu[i].sum / 3.0;
   }
   max = min = stu[0].sum;  /* 用第一个学生的考试总成绩来初始化 max 和 min */
   for(i=1; i<N; i++)     /* 求总成绩最高分和最低分 */
   {
      if(stu[i].sum>max)
         max = stu[i].sum;
      else if(stu[i].sum < min)
         min = stu[i].sum;
   }
   printf("--------------------------------------------\n");
   printf("序号   学号   姓名   3 门课成绩   总成绩   平均分\n");
   for(i=0; i<N; i++)
   {
      printf("%d", i+1);
      printf("%10s%7s%6d%4d%4d%6d%10.2f\n",
            stu[i].num, stu[i].name, stu[i].mark[0],
```

```
            stu[i].mark[1], stu[i].mark[2], stu[i].sum, stu[i].ave);
    }
    printf("总成绩最高分是:%d\n", max);
    printf("总成绩最低分是:%d\n", min);
}
```

运行结果如图 9.1 所示。

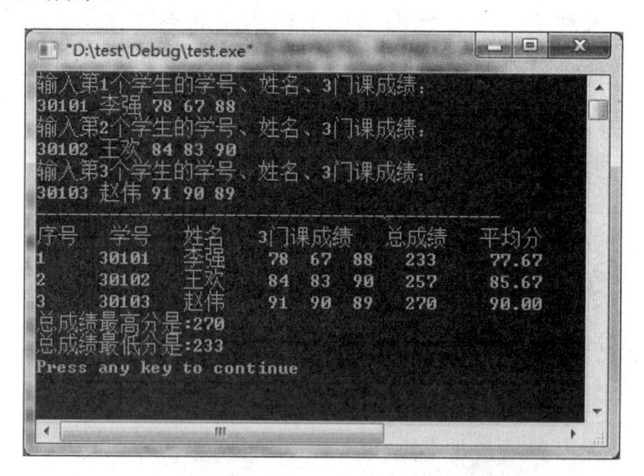

图 9.1　例 9.3 的运行结果

程序说明：

在上面的程序中，定义了学生信息结构体类型来存放学生的学号、姓名、3 门课成绩、总成绩以及平均分。结构体数组 stu 包含有 3 个元素，分别存放 3 个学生的基本数据，每个元素都是 struct student 类型。

程序中使用了 3 个 for 循环语句，分别用于输入 3 个学生的基本数据、求总成绩最高分和最低分并输出 3 个学生的基本数据。

9.4　指向结构体类型数据的指针

指向结构体变量的指针也称为结构体指针，它保存了结构体变量的存储首地址。本节将描述结构体类型指针变量。

9.4.1　结构体指针变量的定义和初始化

1. 结构体指针变量的定义

(1) 先定义结构体类型，再定义结构体指针变量：

```
struct 结构体类型名
{
    成员类型 1 成员名 1;
    成员类型 2 成员名 2;
    ...
    成员类型 n 成员名 n;
```

```
};
struct 结构体类型名 *指针变量名;
```

(2)　定义结构体类型的同时定义结构体指针变量：

```
struct <结构体类型名>
{
    成员类型 1 成员名 1;
    成员类型 2 成员名 2;
    ...
    成员类型 n 成员名 n;
} *指针变量名;
```

(3)　使用无名结构体类型定义结构体指针变量：

```
struct
{
    成员类型 1 成员名 1;
    成员类型 2 成员名 2;
    ...
    成员类型 n 成员名 n;
} *指针变量名;
```

例如，定义 struct contactinfor 类型的指针变量 con 的形式如下：

```
struct contactinfor
{
    int number;
    char name[10];
    char telephone[12];
    char address[10];
};
struct contactinfor *con;
```

2. 结构体指针变量的初始化

可以在定义结构体指针变量的同时赋予其一结构体变量的地址。
例如：

```
struct contactinfor contact =
    {1, "ZhangHua", "15224524524", "Chengdu"};
struct contactinfor *con = &contact;
```

或者：

```
struct contactinfor *con;
con = &contact;
```

9.4.2　结构体指针的应用

与基本类型指针变量相似，结构体指针变量的主要作用是存储结构体变量的地址或结构体数组的地址，通过间接方式操作对应的变量和数组。在 C 语言中规定，结构体指针变量可以参与的运算符如下：

++ -- + * -> | & !

结构体指针变量可以通过箭头运算符“->”来访问结构体变量的各成员，例如：

con->number、con->name、con->telephone、con->address、...

【例 9.4】用结构体指针改写例 9.1。程序代码如下：

```
#include <stdio.h>
main()
{
    struct contactinfor  /* 定义通讯录信息结构体类型 */
    {
        int number;
        char name[10];
        char telephone[12];
        char address[10];
    } *con, contact;
    Con = &contact;
    printf("输入序号:\n");
    scanf("%d", &con->number);
    printf("输入姓名:\n");
    scanf("%s", con->name);
    printf("输入电话号码: \n");
    scanf("%s", con->telephone);
    printf("输入地址:\n");
    scanf("%s", con->address);
    printf("--------------------------------\n");
    printf("序号:%d\n", con->number);
    printf("姓名:%s\n", con->name);
    printf("电话号码:%s\n", con->telephone);
    printf("地址:%s\n", con->address);
}
```

9.5 结构体与函数

9.5.1 结构体变量作函数参数

当把一个结构体变量作为实参传递给一个函数时，实际上是将所有成员按值传递给形参。在被调用函数中改变结构变量的成员，不会影响调用函数。

【例 9.5】改写例 9.1，用自定义函数 output(struct contactinfor contact)实现通讯录信息的输出。程序代码如下：

```
#include <stdio.h>
struct contactinfor    /* 定义通讯录信息结构体类型 */
{
    int number;
```

```
    char name[10];
    char telephone[12];
    char address[10];
};
main()
{
    void output(struct contactinfor);
    struct contactinfor contact;
    printf("输入序号:\n");
    scanf("%d", &contact.number);
    printf("输入姓名:\n");
    scanf("%s", contact.name);
    printf("输入电话号码: \n");
    scanf("%s", contact.telephone);
    printf("输入地址:\n");
    scanf("%s", contact.address);
    output(contact);
}
void output(struct contactinfor contact)
/* 显示通讯录的序号、姓名、电话号码、地址 */
{
    printf("序号:%d\n", contact.number);
    printf("姓名:%s\n", contact.name);
    printf("电话号码:%s\n", contact.telephone);
    printf("地址:%s\n", contact.address);
}
```

程序说明：

本程序在 main()函数中输入了结构体变量 contact 的值，然后调用 output()函数，将 contact 作为实参传递给 output()。执行 output()函数的过程中将其值显示在屏幕上。

【例 9.6】将例 9.5 的程序做一些改动，用 input()函数实现通讯录的输入。程序代码如下：

```
#include <stdio.h>
struct contactinfor    /* 定义通讯录信息结构体类型 */
{
    int number;
    char name[10];
    char telephone[12];
    char address[10];
} contact;
main()
{
    void input(),output(struct contactinfor);
    input();
    output(contact);
}
void input()
{
    printf("输入序号:\n");
    scanf("%d", &contact.number);
```

```
    printf("输入姓名:\n");
    scanf("%s", contact.name);
    printf("输入电话号码: \n");
    scanf("%s", contact.telephone);
    printf("输入地址:\n");
    scanf("%s", contact.address);
}
void output(struct contactinfor contact)
{
    printf("序号:%d\n", contact.number);
    printf("姓名:%s\n", contact.name);
    printf("电话号码:%s\n", contact.telephone);
    printf("地址:%s\n", contact.address);
}
```

程序说明：

本程序中，结构体变量 contact 被定义为全局变量，调用 input()函数时为 contact 输入了值，然后再以结构体变量 contact 为实参调用 output()函数将其值显示出来。

9.5.2 结构体类型的函数

如果一个函数的返回值是一个结构体类型，那么这个函数就是结构体类型的函数。

【例 9.7】 用 input()函数实现通讯录的输入，并将输入的信息通过一个结构体变量返回。程序代码如下：

```
#include <stdio.h>
struct contactinfor
{
    int number;
    char name[10];
    char telephone[12];
    char address[10];
} ;
main()
{
    struct contactinfor contact;
    struct contactinfor input();
    void output(struct contactinfor);
    contact = input();//调用结构体类型函数，将函数返回值赋值给结构体变量 contact
    output(contact);
}
struct contactinfor input()
{
    struct contactinfor c;
    printf("输入序号:\n");
    scanf("%d", &c.number);
    printf("输入姓名:\n");
    scanf("%s", c.name);
    printf("输入电话号码: \n");
    scanf("%s", c.telephone);
```

```
    printf("输入地址:\n");
    scanf("%s", c.address);
    return c;
}
void output(struct contactinfor contact)
{
    printf("序号:%d\n", contact.number);
    printf("姓名:%s\n", contact.name);
    printf("电话号码:%s\n", contact.telephone);
    printf("地址:%s\n", contact.address);
}
```

程序说明：

main()函数调用结构体类型函数 input()来实现通讯录信息的输入，并将函数的返回值赋值给结构体变量 contact。

9.6　链　　表

9.6.1　链表的概念

链表是结构体最重要的应用，它是一种非固定长度的数据结构，是一种动态存储技术，它能够根据数据的结构特点和数量使用内存，尤其适用于数据个数可变的数据存储。

链表有一个头指针变量，以 head 表示，它存放一个地址，该地址指向一个元素。链表中每一个元素称为一个结点，每个结点都应包括两个部分：一部分为用户需要的实际数据，另一部分为下一个结点的地址。因此，head 指向第一个元素；第一个元素指向第二个元素……直到最后一个元素，该元素不再指向其他元素，它称为表尾，它的地址部分放一个 NULL(表示空地址)，链表到此结束。

9.6.2　链表的实现

1. 结点定义

结点包含数据域和指针域，结点结构可描述为：

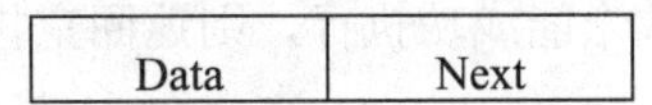

其中，Data 域用来存放结点本身的信息，类型由具体问题而定，Next 域存放下一个元素的地址。

2. 单链表的逻辑结构

为了能顺次访问每个结点，需要保存单链表第一个结点的存储地址。这个地址称为单链表的头指针，用 head 表示，如图 9.2 所示。

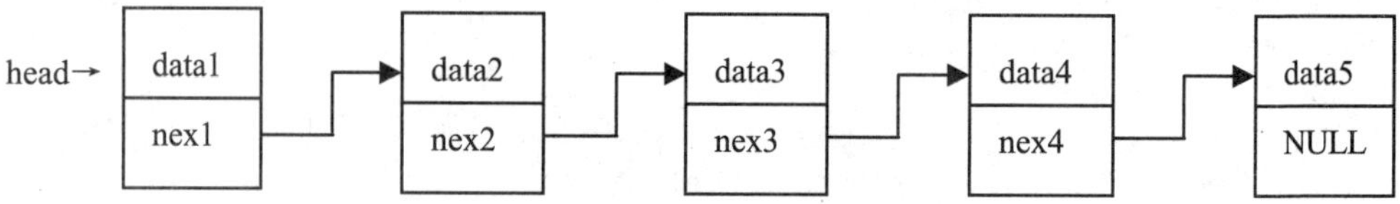

head→ data1 nex1 → data2 nex2 → data3 nex3 → data4 nex4 → data5 NULL

图 9.2　链表的逻辑结构

在 C 语言中，单链表结点类型可以定义为：

```
struct node
{
    int data;  /* 数据域 */
    struct node *next;  /* 指针域，是指向与结点类型完全相同的其他结点的指针 */
};
```

9.6.3　动态链表

通过链表可以实现动态存储，即在程序执行期间，通过“申请”分配指定的存储空间来存储数据，当有闲置不用的存储空间时，又可以随时将其释放。处理动态链表所需要的函数如下。

1. malloc()函数

malloc()函数原型：

```
void* malloc(unsigned int size);
```

功能：在内存的动态存储区中分配一个长度为 size 的连续空间。此函数的返回值是一个指向分配域起始地址的指针(类型为 void)。如果此函数未能成功执行(例如内存空间不够)，则返回空指针(NULL)。

2. calloc()函数

calloc()函数原型：

```
void* calloc(unsigned n, unsigned size);
```

功能：在内存的动态存储区中分配 n 个长度为 size 的连续空间。函数返回一个指向分配域起始地址的指针；如果此函数未能成功执行，则返回空指针(NULL)。

3. free()函数

free()函数原型：

```
void free(void *p);
```

功能：释放由 p 指向的内存区，使这部分内存区能被其他变量使用。p 是最近一次调用 calloc()或 malloc()函数时返回的值，free()函数无返回值。

9.6.4 链表的操作

对链表施行的操作有很多种，最基本的操作是在链表中插入结点、在链表中删除结点、在链表中查找结点等。

1. 建立及输出链表

(1) 建立头结点(或定义指针变量)。

(2) 读取数据。

(3) 生成新结点。

(4) 数据存入新结点的数据域中。

(5) 将新结点链接到链表中。

(6) 重复步骤(2) ~ (5)，直到尾结点为止。

(7) 顺序访问链表中各结点的数据域。从头结点开始，不断地读取每个结点的数据，并且把指针往后移动，直到尾结点为止。

【例 9.8】建立一个通讯录链表，链表有 3 个结点，每个结点的数据域的数据为序号、姓名、电话号码和地址，最后将链表输出。编写程序代码如下：

```
#include <stdio.h>
#include <stdlib.h>
#define N 3
#define NULL 0
struct contactinfor  /* 定义链表结点的结构 */
{
    int number;
    char name[10];
    char telephone[12];
    char address[10];
    struct contactinfor *next;  /* 定义了一个指向 contactinfor 类型的指针 */
};
struct contactinfor *create_list()  /*创建链表函数，返回一个指向链表表头的指针*/
{
    struct contactinfor *head, *p1, *p2;
             /*其中定义了一个头指针 head，指针 p1 指向新插入的结点，
             指针 p2 指向链表的最后一个结点*/
    int i;
    p1 = p2 = (struct contactinfor *)malloc(sizeof(struct contactinfor));
    /* 申请新结点 */
    head = NULL;  /* 创建一个空表 */
    for(i=0; i<N; i++)
    {
        printf("输入序号: \n ");
        scanf("%d", &p1->number);
        printf("输入姓名: \n ");
        scanf("%s", p1->name);
        printf("输入电话号码: \n ");
        scanf("%s", p1->telephone);
```

```
        printf("输入地址: \n ");
        scanf("%s", p1->address);
        p1->next = NULL;  /* 将新结点的指针置为空 */
        if(head == NULL)
            head = p1;  /* 如果是空表，将结点插入表头 */
        else
        {
            p2->next = p1;  /* 如果是非空表，将结点插入到表尾 */
            p2 = p1;
        }
        p1 = (struct contactinfor*)malloc(sizeof(struct contactinfor));
              /* 申请新结点 */
    }
    p2->next = NULL;  /* 将最后一个结点的指针域赋为空值 */
    return(head);
}
out_list(struct contactinfor *head)  /* 输出链表函数，头指针指向链表的首结点 */
{
    struct contactinfor *p;
    if(head != NULL) /* 判断是否是空表 */
    {
        p = head;     /* 指针 p 指向链表第一个结点 */
        while(p != NULL)  /* 判断是否到链尾 */
        {
            printf("%d %s %s %s\n",
              p->number, p->name, p->telephone, p->address);
            /*在屏幕上显示每个结点的数据域的内容 */
            p = p->next;  /* 指针移向下一个结点 */
        }
    }
}
main()
{
    struct contactinfor *head;
    head = create_list();
    out_list(head);
}
```

运行结果:

```
输入序号:
1↙
输入姓名:
ZhangHua↙
输入电话号码:
13541256542↙
输入地址:
Chengdu
输入序号:
2↙
输入姓名:
HuangMing↙
```

```
输入电话号码:
15826253254↙
输入地址:
Beijing↙
输入序号:
3↙
输入姓名:
LiBin↙
输入电话号码:
13512452585
输入地址:
Shanghai↙
1 ZhangHua 13541256542 Chengdu
2 HuangMing 15826253254 Beijing
3 LiBin 13512452585 Shanghai
```

程序说明:

- 在链表的创建过程中，链表的头结点是非常重要的，因为对链表的输出和查找都要从链表的头开始，头结点的类型与其他结点一样，只是头结点的数据域为空。增加头结点避免了在删除或增加第一个位置的元素时进行的特殊程序处理。
- (struct contactinfor*)malloc((sizeof(struct contactinfor)))的作用是申请一个长度为sizeof(struct contactinfor)的内存区，此函数的返回值是一个指向分配域起始地址的指针(类型为 void)。而 p1、p2 是指向 struct contactinfor 类型数据的指针变量，因此必须用强制类型转换的方法使指针类型转变为 struct contactinfor 类型。

2. 链表结点的插入

(1) 在空链表中插入一个结点。

空链表是指头指针为空的链表。在空链表中插入一个结点的操作过程如下。

① 用如下语句申请一个新结点 n:

```
n = (struct node)calloc(1, sizeof(struct node));
```

② 为 n 结点填充数据。将要存储的数据对应传递给 n 结点数据域的各个成员。

③ 修改有关指针的指向。将 n 的 next 成员置空，使 n 结点成为链表的最后一个结点；将 head 指向 n 结点。

(2) 在链表的结点之后插入一个结点。

要在链表 head 的 C、D 结点之间插入一个新结点 n，就是将 n 结点变成 C 结点的下一个结点，而 n 结点的下一个结点为 D 结点。操作过程如下。

① 使 n 的指针域存储结点 D 的首地址。

② 使 C 结点的指针域存储结点 n 的地址。

【例 9.9】编写一个函数，在例 9.8 所建链表的最前面插入一个结点。代码如下:

```
Struct contactinfor *insert_node(struct contactinfor *head)
{
    struct contactinfor *p;
    p = (struct contactinfor*)malloc(sizeof(struct contactinfor));
```

```
    printf("请输入新的序号:\n");
    scanf("%d", &p->number);
    printf("请输入新的姓名:\n");
    scanf("%s", p->name);
    printf("请输入新的电话号码:\n");
    scanf("%s", p->telephone);
    printf("请输入新的地址: \"n);
    scanf("%s", p->address);
    p->next = head;
    head = p;
    return(head);
}
```

3. 链表结点的删除

从链表中删除结点，就是撤销结点在链表中的链接，把结点从链表中孤立出来。在链表中删除结点一般有两个过程：一是把指定的结点从链表中拿下来，它需要通过修改有关结点的指针域来完成；二是释放该结点使用的内存空间，它需要使用 free()函数来完成。

下面是在以 head 为头结点的链表中删除 p 结点的 delete_p()函数：

```
void delete_p(struct node *head, struct node *p)   /* 指针指向要删除结点 */
{
    struct node *q;  /* 指针 q 指向要删除结点的前一个结点 */
    if(p == NULL)     /*判断是否找到了要删除的结点 */
    {
        printf("no found\n");   /* 在屏幕上显示没有找到要删除的结点 */
        return;
    }
    if(p == head)      /* 判断要删除的结点是否是第一个结点 */
        head = p->next;   /* 将头指针指向要删除结点的下一个结点 */
    else  /* 如果要删除的结点不是链表的第一个结点，执行以下操作 */
        q->next = p->next; /*将要删除结点的下一个结点的地址赋给 q 所指结点的地址 */
    printf("\ndelete :%d\n", q->data);
    free(p); /* 释放该结点占用的内存空间 */
}
```

4. 链表结点的查找

可以从链表的第一个结点开始，沿着指针链，将查找值与链表结点逐个比较来查找链表结点。找到符合要求的结点之后，停止查找过程，返回相应的结点指针，否则返回一个空指针。

下面是在以 head 为头结点的链表中查找数据域为 x 的结点的 find_x()函数：

```
struct node *find_x(struct node *head, int x)
{
    struct node *p, *q;
    p = q = head;
    while(p!=NULL && p->data!=x)
    {
```

```
        q = p;
        p = p->next;    /* 将指针移向下一个结点 */
    }
    if(p == NULL)
        return(NULL);  /* 如果没有找到，返回一个空指针 */
    else
        return(p);     /* 如果找到该结点，返回指向该结点的指针 */
}
```

在学习了上述相关知识之后，我们通过下例来完成本章开篇提出的任务之二。

【例 9.10】创建一个学生信息单链表，学生信息包括学号、姓名、3 门课成绩，然后在链表中查找学号为 20070101 的学生信息并删除。程序代码如下：

```
#include <stdio.h>
#include <string.h>
#include <stdlib.h>
#define N 3
struct student   /* 定义链表结点的结构 */
{
    char number[10];
    char name[10];
    int mark[3];
    struct student *next;  /* 定义了一个指向 student 类型的结点的指针 */
};
struct student *creat_list()  /* 创建链表函数，返回一个指向链表表头的指针 */
{
    struct student *head, *p1, *p2;
    /* 定义头指针 head，指针 p1 指向新插入的结点，指针 p2 指向链表的最后一个结点 */
    int i;
    /* 申请新结点 */
    p1 = p2 = (struct student*)malloc(sizeof(struct student));
    head = NULL;   /* 创建一个空表 */
    for(i=1; i<=N; i++)
    {
        printf("输入学号: \n ");  /* 输入结点的值 */
        scanf("%s", p1->number);
        printf("输入姓名: \n ");
        scanf("%s", p1->name);
        printf("输入三门成绩: \n ");
        scanf("%d%d%d", &p1->mark[0], &p1->mark[1], &p1->mark[2]);
        p1->next = NULL;  /* 将新结点的指针置为空 */
        if(head == NULL)
            head = p1;  /* 如果是空表，将结点插入表头 */
        else
            p2->next = p1;  /* 如果是非空表，将结点插入到表尾 */
        p2 = p1;  /* 此时，指针 p2 指向链表的最后一个结点 */
        p1 = (struct student*)malloc(sizeof(struct student)); /* 申请新结点 */
    }
    p2->next = NULL;  /* 将最后一个结点的指针域赋为空值 */
    return head;   /* 返回链表的头指针 */
```

```
}
out_list(struct student *head) /*输出链表函数*/
{
    struct student *p;
    if(head != NULL)  /* 判断是否是空表 */
    {
        p = head;
        while(p != NULL)  /* 判断是否到链尾 */
        {
            /* 在屏幕上显示每个结点的数据域的内容 */
            printf("%s %s %d %d %d\n",
                    p->number, p->name, p->mark[0],
                    p->mark[1], p->mark[2]);
            p = p->next;  /* 指针移向下一个结点 */
        }
    }
}
/* 在链表中查找学号的函数，返回指向要删除结点的指针，num 为要查找的学号 */
struct student *delete_num(struct student *head, char num[10])
{
    struct student *p, *q;
    int m;
    p = q = head;
    m = strcmp(p->number, num); /* 判断 p 指向结点的学号是否与要删除的学号相同 */
    while(p!=NULL && m!=0)
    /* 判断是否到表尾同时是否查找到学号为 num 的结点，如果没有，执行以下操作 */
    {
        q = p;   /* 指向要删除结点的前一个结点 */
        p = p->next;   /* 将指针移向下一个结点 */
        m = strcmp(p->number, num);
    }
    if(p == NULL) /* 判断是否找到该结点 */
    {
        printf("no found!\n");
        return(NULL); /* 如果没有找到，返回一个空指针 */
    }
    if(p == head)
        head = p->next;
    else
        q->next = p->next;
            /* 将要删除结点的下一个结点的地址赋给 q 所指向结点的地址 */
    free(p);  /* 释放该结点使用的内存空间 */
    return(head);  /* 返回链表的头的指针 */
}
main()
{
    char num[10];
    struct student *head, *p;  /* 指针 p 指向要删除的结点 */
    head = creat_list();   /* 创建新的学生信息链表 */
    printf("输入要删除的学生学号：\n");
    scanf("%s", num);
```

```
    head = delete_num(head, num);   /* 从链表中删除指定学号的学生信息 */
    out_list(head);  /* 将执行删除操作后的链表中的学生信息显示在屏幕上 */
}
```

运行结果：

```
输入学号:
20070101↙
输入姓名:
ZhangHua↙
输入三门成绩:
98 96 87↙
输入学号:
20070102↙
输入姓名:
HuangMing↙
输入三门成绩:
75 78 86↙
输入学号:
20070103↙
输入姓名:
LiBin↙
输入三门成绩:
85 65 87↙
输入要删除的学生学号:
20070102↙
20070101 ZhangHua 98 96 87
20070103 LiBin 85 65 87
```

9.7　共　用　体

9.7.1　共用体的概念

共用体(union)很像结构体类型，也是将不同类型的数据项组成一个整体，但共用体中所有的成员变量均占用同一段内存空间，即共用体变量所占的存储空间不是各成员所需存储空间字节数的总和，而是共用体成员中需要空间最大的那个成员所需的字节数。共用体变量在某一时间点上只能存储其某一成员的信息。

9.7.2　共用体变量的定义和引用

1. 共用体类型的定义

定义一个共用体类型的语法形式为：

```
union 共用体类型名
{
    成员类型 1 成员名 1;
```

```
    成员类型 2 成员名 2;
    ...
    成员类型 n 成员名 n;
};
```

例如：

```
union contactinfor
{
    char number[4];
    char name[10];
    char telephone[12];
    char address[10];
};
```

共用体 contactinfor 的 4 个成员变量共用同一段内存空间，系统根据成员变量的引用不同，决定哪个成员有效，并使用内存空间。

2. 共用体变量的定义

(1) 先定义共用体类型，再定义共用体变量。例如：

```
union contactinfor    /* 定义通讯录信息结构体类型 */
{
    char number[4];
    char name[10];
    char telephone[12];
    char address[10];
};
union contactinfor contact;
```

(2) 在定义共用体的同时定义变量。例如：

```
union contactinfor
{
    char number[4];
    char name[10];
    char telephone[12];
    char address[10];
} contact;
```

(3) 在定义共用体的同时定义变量，可以省略共用体标识符。例如：

```
union
{
    char number[4];
    char name[10];
    char telephone[12];
    char address[10];
} contact;
```

3. 共用体变量的引用

引用共用体变量成员的方法如下：

```
共用体变量.成员变量
```

通过共用体指针变量，间接引用成员变量的方法如下：

```
共用体指针变量->成员变量
```

通过上述学习，读者已经掌握了必备的知识，现在可以通过下例来完成本章开篇提出的主要任务。

【例 9.11】将第 7 章的例子进行改写，用链表来存储学生数据，编写一个简单的学生成绩统计程序，要求该程序具有如下功能：

- 菜单显示及选择功能。每一菜单项执行完成后，均可返回到主菜单，直到选择菜单中的“退出”项为止。
- 数据录入功能。能够录入学生的姓名及 3 门课程的成绩。
- 成绩查询功能。输入一个学生的姓名后，即可显示出该学生各门课程的成绩。
- 数据处理功能。可计算并显示每个学生的总成绩及平均成绩。
- 成绩排名功能。可按总成绩从高到低的顺序输出每个学生的名次、姓名、总成绩和平均成绩。

程序分析：

在第 7 章的例子中，学生的数据都存储在相应的数组中，因此必须事先定义数组的长度，如果事先难以确定要处理的学生人数，就必须把数组定义得足够大，显然，这将会浪费大量的内存空间。而链表则是根据需要开辟内存单元。

在下面的程序中，我们将用链表来存储学生信息，链表的每一个结点都是结构体变量，它包括学生姓名以及高等数学、大学英语、C 语言这 3 门课程的成绩，在 main()函数中将实现菜单显示及选择功能，而数据录入、成绩查询、数据处理及成绩排名等功能则分别用 4 个函数来实现。

源程序如下：

```
#include <stdio.h>
#include <string.h>
#include <conio.h>
#include <windows.h>
#define N 4
struct student  /* 定义链表结点的结构 */
{
    char name[10];
    int mark[3];
    struct student *next;  /* 定义了一个指向 student 类型结点的指针 */
};
void gotoxy(int x, int y)  // 使用光标定位函数
{
   HANDLE hout;
   COORD coord;
   coord.X = x;
   coord.Y = y;
   hout = GetStdHandle(STD_OUTPUT_HANDLE);
```

```
    SetConsoleCursorPosition(hout, coord);
}
struct student *data_input()    /*--------- 数据输入 ---------  */
{
    int i, j;
    struct student *head, *p1, *p2;
    system("cls");
    printf("输入每个学生的姓名及每门课程的成绩，以回车结束\n");
    p1 = p2 = (struct student*)malloc(sizeof(struct student));
    head = NULL;  /* 创建一个空表 */
    printf("%10s%10s%10s%10s\n", "学生姓名", "高等数学", "大学英语", "C 语言");
    for(i=0; i<N; i++)
    {
        gotoxy(4, 3+i);
        scanf("%s", p1->name);       /* 输入学生姓名 */
        for(j=0; j<3; j++)
        {
            gotoxy(8+(j+1)*10, 3+i); /* 将光标定位到坐标(8+(j+1)*10, 3+i)处 */
            scanf("%d", &p1->mark[j]);   /* 输入各科成绩 */
        }
        p1->next = NULL;   /* 将新结点的指针置为空 */
        if(head==NULL)
            head = p1;  /* 如果是空表，将结点插入表头 */
        else
            p2->next = p1;  /* 如果是非空表，将结点插入到表尾 */
        p2 = p1;   /* 此时，指针 p2 指向链表的最后一个结点 */
        p1 = (struct student*)malloc(sizeof(struct student)); /* 申请新结点 */
    }
    p2->next = NULL;   /* 将最后一个结点的指针域赋为空值 */
    return head;   /* 返回链表的头指针 */
}
void data_search(struct student *head, char name[10]) /* --- 成绩查询 --- */
{
    struct student *p;
    int m;
    p = head;
    m = strcmp(p->name, name);
    /* 判断 p 指向结点的学生姓名是否是要查找的学生姓名 */

    while(p!=NULL && m!=0)
    /* 判断是否到表尾同时是否查找到学生姓名为 name 的结点，如果没有，执行以下操作 */
    {
        p = p->next;   /*将指针移向下一个结点 */
        m = strcmp(p->name, name);
    }
    if(p == NULL)      /*判断是否找到该结点 */
    {
        printf("没有该学生的信息！\n");
        printf("按任意键返回菜单......");
        getch();
        return;
```

```
    }
    printf("%10s%10s%10s%10s\n", "学生姓名", "高等数学", "大学英语", "C 语言");
    printf("%10s%10d%10d%10d\n",
            p->name, p->mark[0], p->mark[1], p->mark[2]);
    printf("按任意键返回菜单......");
    getch();
};
void data_process(struct student *head )    /* ---- 数据统计 ---- */
{
    struct student *p1;
    int sum;
    p1 = head;
    printf("\n%10s%10s%10s\n", "学生姓名", "总成绩", "平均成绩");
    while(p1 != NULL)
    {
        sum = p1->mark[0] + p1->mark[1] + p1->mark[2];
        printf("%10s%10d%10.2f\n", p1->name, sum, sum/3.0);
        p1 = p1->next;
        sum = 0;
    }
    printf("按任意键返回菜单......");
    getch();
}
void data_sort(struct student *head)    /* ---- 成绩排名 ----- */
{
    int i, j, t;
    struct student *p1;
    char s_name[N][10], s_name_t[10];
    int s_sum[N];
    p1 = head;
    for(i=0; i<N; i++) /*将学生姓名及总成绩分别存入 s_name 和 s_sum 两个数组中*/
    {
        strcpy(s_name[i], p1->name);
        s_sum[i] = p1->mark[0] + p1->mark[1] + p1->mark[2];
        p1 = p1->next;
    }
    for(i=0; i<N-1; i++)
        for(j=i+1; j<N; j++)
            if(s_sum[j] > s_sum[i])
            {
                t = s_sum[i];
                s_sum[i] = s_sum[j];
                s_sum[j] = t;
                strcpy(s_name_t, s_name[i]);
                strcpy(s_name[i], s_name[j]);
                strcpy(s_name[j], s_name_t);
            }
    printf("\n%10s%10s%10s%10s\n", "名次", "学生姓名", "总成绩", "平均成绩");
    for(i=0; i<N; i++)
    {
        printf("%10d%10s%10d%10.2f\n",
```

```
            i+1, s_name[i], s_sum[i], s_sum[i]/3.0);
    }
    printf("按任意键返回菜单......");
    getch();
}
main()
{
    int choice;
    char name1[10];
    struct student *head;
    while(1)
    {
        system("cls");
        printf("******************************\n");
        printf("      1.成绩数据录入\n");
        printf("      2.学生成绩查询\n");
        printf("      3.数据统计\n");
        printf("      4.显示成绩名次\n");
        printf("      5.退出\n");
        printf("******************************\n");
        printf("请选择(1~5): ");
        scanf("%d", &choice);
        switch(choice)
        {
        case 1: head = data_input(); break;
        case 2: data_search(head, name1); break;
        case 3: data_process(head); break;
        case 4: data_sort(head); break;
        case 5: exit(0);
        }
    }
}
```

运行结果:

```
******************************
        1.成绩数据录入
        2.学生成绩查询
        3.数据统计
        4.显示成绩名次
        5.退出
******************************
请选择(1~5): 1 ↙
输入每个学生的姓名及每门课程的成绩，以回车结束
   学生姓名  高等数学  大学英语    C 语言
    林雨晨↙     84↙       78↙       92↙
    王依萍↙     80↙       85↙       81↙
    冯凌云↙     92↙       95↙       88↙
    牟思娴↙     73↙       82↙       87↙
******************************
        1.成绩数据录入
```

```
        2.学生成绩查询
        3.数据统计
        4.显示成绩名次
        5.退出
******************************
请选择(1~5): 2 ↙
请输入要查询的学生姓名: 冯凌云 ↙
   学生姓名   高等数学   大学英语    C 语言
    冯凌云       92         95         88
按任意键返回菜单......
******************************
        1.成绩数据录入
        2.学生成绩查询
        3.数据统计
        4.显示成绩名次
        5.退出
******************************
请选择(1~5): 3 ↙
  学生姓名     总成绩   平均成绩
    林雨晨      254     84.67
    王依萍      246     82.00
    冯凌云      275     91.67
    牟思娴      242     80.67
按任意键返回菜单......
******************************
        1.成绩数据录入
        2.学生成绩查询
        3.数据统计
        4.显示成绩名次
        5.退出
******************************
请选择(1~5): 4 ↙
        名次   学生姓名     总成绩   平均成绩
          1     冯凌云       275     91.67
          2     林雨晨       254     84.67
          3     王依萍       246     82.00
          4     牟思娴       242     80.67
按任意键返回菜单......
******************************
        1.成绩数据录入
        2.学生成绩查询
        3.数据统计
        4.显示成绩名次
        5.退出
******************************
请选择(1~5): 5 ↙
```

9.8　上机实训一：结构体的基本应用

9.8.1　实训目的

(1) 熟练掌握结构体类型的定义方法。
(2) 熟练掌握结构体类型变量的定义方法和引用方法。
(3) 在实际编程中能灵活运用结构体处理一组具有一定内在联系的数据。
(4) 在调试程序的过程中逐步熟悉一些与结构体有关的出错信息，提高调试技巧。

9.8.2　实训内容

1. 程序调试

下面的程序用来按学生姓名查询其排名和平均成绩，查询可连续进行，直到输入 0 时结束。请修改程序中的错误并调试该程序。

```
#include <stdio.h>
#include <string.h>
#define NUM 4
struct student
{
   int rank;
   char *name;
   float score;
};
stu[] = {3, "Tom", 89, 4, "Mary", 78, 1, "Jack", 95, 2, "Jim", 90};
main()
{
   int i;
   char str[20];
   do {
      printf("\nEnter a name: ");
      scanf("%s", str);
      for(i=0; i<NUM; i++)
         if(str == stu[i].name)
         {
            printf("name :%8s\n", stu[i].name);
            printf("rank:%3d\n", stu[i].rank);
            printf("average: %5.1f\n", stu[i].score);
         }
      if(i >= NUM)
         printf("Not found\n");
   }
   while(strcmp(str, "0") != 0);
}
```

2. 编写函数

有 4 名学生，每人考两门课程。试编写函数 index()检查总分高于 160 和任意一科不及格这两类学生，将结果输出到屏幕上，并写出运行结果。程序代码如下：

```
#include <stdio.h>
#include <stdlib.h>
struct student
{
    char name[10];
    int num;
    float score1;
    float score2;
} stu[4] = {
            {"LiBin", 1, 84, 82},
            {"WangHai", 2, 71, 73},
            {"ZhaoYan", 3, 90, 68},
            {"LiuQi", 4, 67, 56}
              };
main()
{
    struct student *p;
    int index(struct student *q);
    p = stu;
    index(p);
}
```

9.9　上机实训二：链表的应用

9.9.1　实训目的

(1) 加深对结构体类型数据、结构体指针类型数据的认识。

(2) 理解链表的概念，熟练掌握链表的操作。

(3) 在实际编程中能灵活运用链表来处理数据。

(4) 在调试程序的过程中，逐步熟悉一些与链表有关的出错信息，提高程序调试技巧。

9.9.2　实训内容

1. 填空与调试

完善程序。根据程序的功能，在程序中的横线处填写正确的语句或表达式，使程序完整，并上机进行调试。

(1) 下面的函数 create()用来建立一个带头结点的单向链表，新产生的结点总是插在链表的末尾，返回单向链表的头指针。

```
#include <stdio.h>
struct list
{
    char data;
    struct list *next;
}
struct list *create()
{
    struct list *h, *p, *q;
    char ch;
    h = ______________________malloc(sizeof(struct list));
    p = q = h;
    ch = getchar();
    while(ch != '?')
    {
        P = _______________________malloc(sizeof(struct list));
        p->data = ch;
        q->next = p;
        q = p;
        ch = getchar();
    }
    p->next = NULL;
    ______________;
}
```

(2) 以下程序段的功能是统计链表中结点的个数，其中 head 为指向头结点的指针，完善程序，在屏幕上显示出结点的个数。

```
struct node
{
    int data;
    struct node *next;
};
struct node *p, *head;
int count = 0;
/* ... */
p = head;
while(_______________________)
{
    _________________;
    p = ______________;
}
```

2. 程序编写

编写程序，建立一个带头结点的具有 6 个结点的单向链表，并给链表数据域输入值，最后将值为偶数的结点输出。

9.10　上机实训三：共用体的应用

9.10.1　实训目的

(1) 熟练掌握共用体类型的定义方法，了解结构体和共用体的区别。

(2) 熟练掌握共用体类型变量的定义方法和引用方法。

(3) 在实际编程中能灵活运用共用体来处理数据。

(4) 在调试程序的过程中逐步熟悉一些与共用体有关的出错信息，提高调试技能。

9.10.2　实训内容

1. 分析与调试

分析下面的程序，然后上机调试并验证结果。

(1) 程序代码如下：

```
#include <stdio.h>
main()
{
    union bt
    {
        int k;
        char c[2];
    } a;
    a.k = -7;
    printf("%o,%o\n", a.c[0], a.c[1]);
}
```

(2) 程序代码如下：

```
#include <Stdio.h>
main()
{
    union u_tag
    {
        int ival;
        float fval;
        char *pval;
    } uval, *p;
    uval.ival = 10;
    uval.fval = 9.0;
    uval.pval = "C language, ";
    printf("\n%s", uval.pval);
    p = &uval;
    printf("%d", p->ival);
}
```

2. 编写程序

编写程序实现下列功能：设置一个教师与学生通用的表格，教师数据有姓名、年龄、职业、教研室 4 项。学生数据有姓名、年龄、专业和班级 4 项。编程输入人员数据，然后在屏幕上以表格形式输出。

9.11 习　　题

1. 填空题

(1) 定义结构体的关键字是__________________。

(2) 一个结构体变量所占用的空间是__________________。

(3) 指向结构体数组的指针的类型是__________________。

2. 选择题

(1) 若有以下声明语句：

```
struct student
{
    int age;
    int num;
} std, *p;
p = &std;
```

则以下对结构体变量 std 中成员 age 的引用方式不正确的是____________。

A. std.age　　B. p->age　　C. (*p).age　　D. *p.age

(2) 当声明一个结构体变量时，系统分配给它的内存是________________。

A. 各成员所需内存量的总和　　B. 结构中第一个成员所需内存量

C. 成员中占内存最大所需的容量　　D. 结构中最后一个成员所需内存量

(3) 若有以下的声明，已知 int 类型的变量占两个字节，则_____________的叙述是正确的(多项选择)。

```
struct st
{
    int a;
    int b[2];
} a;
```

A. 结构变量 a 和结构成员 a 同名，不合法

B. 程序运行时将为结构 st 分配 6 个字节内存单元

C. 程序运行时不为结构 st 分配内存单元

D. 程序运行时将为结构变量 a 分配 6 个字节内存单元

(4) 变量 a 所占内存字节数为_____________。

```
union A
{
   char st[4];
   int i;
   long l;
};
struct B
{
   int c;
   union A u;
} a;
```

A. 4　　B. 5　　C. 6　　D. 8

3. 分析题

分析下列程序，写出运行结果。

(1) 程序代码如下:

```
#include <stdio.h>
struct n
{
   int x;
   char c;
};
main()
{
   struct n a = {10, 'x'};
   func(a);
   printf("%d,%c", a.x, a.c);
}
func(struct n b)
{
   b.x = 20;
   b.c = 'y';
}
```

(2) 程序代码如下:

```
#include <stdio.h>
struct st
{
   int x;
   int y;
} *p;
int dt[4] = {10, 20, 30, 40};
struct st aa[4] = {50, &dt[0], 60, &dt[0], 60, &dt[0], 60, &dt[0]};
```

```
main()
{
    p = aa;
    printf("%d\n", ++(p->x));
}
```

(3) 程序代码如下:

```
#include <stdio.h>
main()
{
    union eg1
    {
        int c;
        int d;
        struct
        {
            int a, b;
        } oub;
    } e;
    e.c = 1;
    e.d = 2;
    e.oub.a = e.c*e.d;
    e.oub.b = e.c + e.d;
    printf("%d,%d\n", e.oub, a, e.oub.b);
}
```

4. 编程题

(1) 有 10 个学生，每个学生的数据包括学号、姓名、3 门课的成绩，从键盘输入 10 个学生的数据，要求在屏幕上显示 3 门课总平均成绩，以及最高平均分的学生的数据(包括学号、姓名、3 门课成绩，平均分数)。

(2) 编写程序，输入 30 个自然数，建立两个链表：一个是偶数链表，一个是奇数链表，并分别在屏幕上显示出来。结点类型为:

```
struct data
{
    int no;
    struct data *next;
}
```

(3) 建立一个链表，每个结点包括学号、姓名、性别和年龄。输入一个年龄，如果链表中的结点所包含的年龄等于此年龄，则将此结点删除。

(4) 定义一个结构体变量(包括年、月、日)，给出年、月、日，计算该日在本年中是第几天？注意闰年问题。

第10章 位 运 算

C 语言是为描述系统而设计的，因此它既具有高级语言的特点，又具有低级语言的功能。C 语言提供的位运算，如设置或屏蔽内存中某字节的一个二进制位，可使编程人员方便地编写出各种控制程序、通信程序以及设备驱动程序等，这些程序在C语言出现之前一般采用汇编语言来完成。

所谓位运算，是指进行二进制位的运算。它包括位逻辑运算和移位运算。位逻辑运算能方便地设置或屏蔽内存中某字节的一位或几位，也可以对两个数进行按位相加等运算，移位运算可以对内存中某个二进制数左移或右移若干位。

本章内容：

- 位逻辑运算。
- 移位运算。

学习目标：

- 理解位运算的概念，掌握各种位运算的功能和规则。
- 在实际编程中能灵活运用适当的位运算修改数据的某些位。

本章任务：

在系统软件中，常要处理二进制位的问题。本章要完成的任务就是实现左、右循环移位。也就是在移位时不丢失移位前原操作数的位，而是将它们作为另一端的补入位。

任务可以分解为两部分：

- 用位逻辑运算来处理数据，判断一个整数是奇数还是偶数。
- 用移位运算对数据进行处理，取一整数从右端开始的4~7位。

10.1 位逻辑运算

10.1.1 按位与

按位与的运算符“&”是双目运算符，参加运算的两个数据，按各个对应的二进位进行“与”运算。如果两个相应的二进位都为1，则该位的结果值为1，否则为0。

即：

- 0&0=0
- 0&1=0
- 1&0=0
- 1&1=1

例如：求 4&5。

这里：

4=0000000000000100

5=0000000000000101

```
     0000000000000100
&    0000000000000101
     ----------------
     0000000000000100
```

因此，4&5 的值为 4。

按位与有一些特殊的用途。

(1) 可将某些位清零或保留某些位。例如把 1011110101111001 的高 8 位清零，保留低 8 位。可将该数和 255 进行&运算：

```
     1011110101111001
&    0000000011111111
     ----------------
     0000000001111001
```

(2) 要想将哪一位保留下来，就与一个数进行“&”运算，此数在该位取 1。例如，有一数 0000000011010110，要想把其从右数的第 1、2、4、5 位保留下来，可以这样运算：

```
     0000000011010110 (十进制数为 214)
&    0000000000011011 (十进制数为 30)
     ----------------
     0000000000010010 (十进制数为 18)
```

即 214&30=18。

10.1.2 按位或

按位或运算符为“|”，参加运算的两个对象按相应的二进位进行“或”运算。两个相应的二进位只要有一个为 1，该位的结果值就为 1。

即：

- 0|0=0
- 0|1=1
- 1|0=1
- 1|1=1

例如：3|5 应该是 0000000000000011 和 0000000000000101 进行按位或运算。

具体如下：

```
     0000000000000011
|    0000000000000101
     ----------------
     0000000000000111
```

按位或运算常用来将一个数据的某些二进制位置 1。如果想使一个数 a 的低 4 位置为 1，只需将 a 与 017 进行按位或运算即可。

例如，将 160=0000000010100000 的低 4 位置 1。可将 160 和 017 做按位或运算。

具体如下：

```
  0000000010100000
| 0000000000001111
  0000000010101111
```

10.1.3 按位异或

按位异或的运算符“∧”也称 XOR 运算符。它的规则是若参加运算的两个二进制位同号(即值相同)，则结果为0(假)；若为异号(即值不相同)，则为1(真)。

即：

- 0∧0=0
- 0∧1=1
- 1∧0=1
- 1∧1=0

例如：

47(二进制数为 0000000000101101)∧32(二进制数为 0000000000100000)，结果为13(二进制数为 0000000000001101)。

具体如下：

```
  0000000000101101
∧ 0000000000100000
  0000000000001101
```

按位异或可以应用在以下几个方面。

(1) 使特定位翻转。假设有 0000000001111010，想使其低 4 位翻转，即 1 变为 0，0 变为 1，可以将它与 0000000000001111 进行∧运算。

即：

```
  0000000001111010
∧ 0000000000001111
  0000000001110101
```

结果值的低 4 位正好是原数低 4 位的翻转。因此要使哪几位翻转，就将与其进行“∧”运算的该几位置为 1 即可。这是因为原数中值为 1 的位与 1 进行∧运算得 0，原数中值为 0 的位与 1 进行∧运算的结果得 1。

(2) 与 0 相异或，保留原值。例如，51∧0=51。

具体如下：

```
  0000000000001010
∧ 0000000000000000
  0000000000001010
```

因为原数中的 1 与 0 进行∧运算得 1，0∧0 得 0，故保留原数。

(3) 交换两个变量的值，而不使用临时变量。

例如 a=3，b=4，想将 a 和 b 的值互换，可以用以下赋值语句实现：

```
a = a ^ b;
b = b ^ a;
a = a ^ b;
```

10.1.4 按位取反

按位取反的运算符为“~”。属于单目运算符，用来对一个二进制数按位取反，即将 0 变为 1，将 1 变为 0。

例如：~21(二进制数为 00010101)按位求反，结果为 234(二进制数为 11101010)。

具体如下：

~ 00010101

11101010

在学习了上述相关知识之后，我们通过下例来完成本章开篇提出的任务之一。

【例 10.1】从键盘输入一个正整数，判断此数是奇数还是偶数。程序代码如下：

```
#include <stdio.h>
main()
{
    int n;
    while(1)
    {
        printf("输入一个正整数:\n ");
        scanf("%d", &n);
        if(n > 0)
            break;
    }
    if((n&0x01) == 0)  /* 将 n 和十六进制数 01 进行按位与运算来判断 n 的奇偶性 */
        printf("%d 是偶数.\n ", n);
    else
        printf("%d 是奇数.\n", n);
}
```

运行结果：

```
输入一个正整数:
40↙
40 是偶数.
输入一个正整数:
13↙
13 是奇数.
```

程序说明：

程序中 if((n&0x01)==0)语句将 n 与十六进制数进行按位与运算，因为偶数的二进制表示的最低位是 0，所以和 0x01 进行按位与运算后，结果为 0，而奇数的二进制表示的最低位是 1，所以和 0x01 进行按位与运算后，结果为 1。

10.2 移位运算

10.2.1 左移位

左移运算符为“<<”，用来将一个数的各二进位全部左移若干位，左边的二进位丢弃，右边补0。

例如，二进制数 00000101<<2，即将十进制数 5 的二进制数左移两位，结果为00010100(十进制数为20)。高位左移后溢出，舍弃不起作用，右边补0。

从上面我们可以看出，左移1位相当于该数乘以2，左移两位相当于该数乘以4，左移3位相当于该数乘以8，依此类推，因此，在实际应用中，经常利用“左移”运算来进行乘以2的方幂的操作。

10.2.2 右移位

右移运算符为“>>”，用来将一个数的各二进位全部右移若干位，从右边移出去的低位部分被丢弃，对无符号数来讲，左边空出的高位部分补 0，对有符号数来讲，如果符号位为0(即正数)，则右移时左端补0，如果符号位为1(即负数)，则右移时左端是补0还是补1，取决于所用的计算机系统。有的系统左端补0称为逻辑右移；左端补1称为算术右移。

例如，若 x=0x08，则语句 x=x>>2;表示将 x 中的每个二进制位右移2位后存入 x 中，由于 0x08 的二进制表示为 00001000，所以，右移两位后，将变为 00000010，即 x=x>>2 的结果为0x02。

由上述运算结果可以看出，在进行右移运算时，如果移出去的低位部分不包含 1，则右移1位相当于除以2，右移两位相当于除以4，右移3位相当于除以8，依此类推，因此，在实际应用中，经常利用“右移”运算来进行除以2的方幂的操作。

在学习了上述相关知识之后，我们通过下例来完成本章开篇提出的任务之二。

【例10.2】取一整数从右端开始的4~7位。

程序分析：

(1) 先将这个整数的4~7位右移到0~3位，这很容易用右移运算来实现。

(2) 再用一个0~3位为1其余位为0的数(15)来与整数进行“与”运算，运算的结果就是这个整数的4~7位。具体代码如下：

```
#include <stdio.h>
void main()
{
   unsigned a, b, d;
   scanf("%o", &a);    /* 输入一个八进制数 */
   b = a>>4;   /* 将 a 中的每个二进制位右移 4 位 */
   d = b&15;
   printf("%o,%d\n%o,%d\n", a, a, d, d);
}
```

运行结果：

```
321↙
321,209
15,13
```

程序说明：

输入 a 的值为八进制数 321，即十进制数 209，其二进制形式为 11010001，经过运算取 4~7 位为 1101，即八进制数 15，十进制数 13。

通过上述学习，读者已经掌握了必备的知识，现在可以通过下例来完成本章开篇提出的主要任务。

【例 10.3】编写程序实现左、右循环移位。

程序分析：

所谓循环移位，是指在移位时不丢失移位前原操作数的位，而是将它们作为另一端的补入位。例如循环右移 n 位，指各位右移 n 位，原来的低 n 位变成高 n 位。

为实现循环右移 n 位，可以采取下列步骤。

(1) 使 a 中各位左移(16−n)位，使右端的 n 位放到 b 中的高 n 位中，其余各位补 0。可用下面的语句来实现：

```
b = a << (16 - n);
```

(2) 将 a 右移 n 位，由于 a 不带符号，所以左端补 0。将右移后的数放在 c 中。可用下面的语句来实现：

```
c = a >> n;
```

(3) 使 b 和 c 进行按位“或”运算。即：

```
c = c | b;
```

同理，实现循环左移 n 位，可以用表达式(a>>(16−n))|(a<<n)来实现。如果 n>0，表示右移；如果 n<0，表示左移。

源程序如下：

```
#include <stdio.h>
main()
{
    unsigned int x;
    unsigned int z;
    int n;
    printf("please input two numbers: ");
    scanf("%o,%d", &x, &n);
    if(n > 0)
    {
        z = (x>>n)|(x<<(16-n));
        printf("moveright result is:%o\n", z);
    }
    else
```

```
    {
        n = -n;
        z = (x>>(16-n))|(x<<n);
        printf("moveleft result is:%o\n", z);
    }
}
```

运行结果：

```
please input two number:7,1↙
moveright result is:700003
please input two number:7,-1↙
moveleft result is:16
```

10.3 上机实训：位运算的应用

10.3.1 实训目的

(1) 加深对二进制的认识。

(2) 理解位运算的概念，掌握各种位运算的功能和规则。

(3) 在实际编程中能灵活运用适当的位运算来修改数据的某些位。

(4) 在调试程序的过程中逐步熟悉一些与位运算有关的出错信息，提高调试技能。

10.3.2 实训内容

1. 运行与分析

运行下列程序，分析并观察运行结果。

(1) 程序代码如下：

```
#include <stdio.h>
main()
{
    int a=3, b=4;
    a = a ^ b;
    b = b ^ a;
    a = a ^ b;
    printf("a=%d,b=%d\n", a, b);
}
```

(2) 程序代码如下：

```
#include <stdio.h>
main()
{
    int a, b;
    a = 077;
    b = a & 3;
```

```
    printf("The a & 2 is%d\n", b);
}
```

(3) 程序代码如下：

```
#include <stdio.h>
union
{
    int a;
    char i[2];
} x;
main()
{
    int m;
    x.a = 257;
    m = x.a >> 8;
    x.a <<= 8;
    x.i[1] += sizeof(x) + m;
    printf("%d", x.a);
}
```

(4) 程序代码如下：

```
#include <stdio.h>
main()
{
    char a=0x95, b, c;
    b = (a&0xf)<<4;
    c = (a&0xf)>>4;
    a = b|c;
    printf("%x\n", a);
}
```

2. 编程与调试

编写程序并上机调试。

(1) 从键盘输入一个正整数给 int 变量 num，按二进制位输出该数。

(2) 有一变量 a，测试其第 4 位是否为 1，位号从右向左，最右一位作为第 0 位。

(3) 保留整数 a 从右边开始的第 3 至第 6 位，其余位置 0。

10.4 习　　题

1. 填空题

(1) 设 char 型变量 x 中的值为 10100111，则表达式(2+x)^(~3)的值是____________。

(2) 用 8 位无符号二进制数能表示的最大十进制数为________________________。

(3) “与”运算的特殊用途是____________和_____________。

(4) “或”运算的特殊用途是__________________。

(5) “异或”运算的特殊用途是____________和_____________。

(6) 在不发生位溢出的情况下，________运算可以实现乘 2 操作，________运算可以实现除 2 操作。

(7) 若 a 的二进制值为 00101101，通过 a^b 运算使 a 的高 4 位取反，低 4 位不变，则 b 的二进制值应为____________。

(8) 设二进制数 x 的值是 11001101，若想通过 x&y 运算使 x 的低 4 位不变，高 4 位清 0，则 y 的二进制数为____________。

(9) 在 C 语言中，&运算符作为单目运算符时表示的是________，作为双目运算符时表示的是____________。

(10) 与表达式 a&=b 等价的另一书写形式是______________。

(11) 与表达式 x^=y-2 等价的另一书写形式是______________。

(12) 测试 char 型变量 a 第 6 位是否为 1 的表达式是__________。

(13) 请读程序片段：

```
int a = -1;
a = a | 0377;
printf("%d,%o", a, a);
```

以上程序片段的输出结果是_______________。

2. 选择题

(1) 以下运算符中优先级最低的是________，优先级最高的是________。

A. &&　　B. &　　C. |　　D. ||

(2) 在 C 语言中，要求运算数必须是整型的运算符是____________。

A. ^　　B. %　　C. !　　D. >

(3) 在位运算中，操作数右移一位，其结果相当于______________。

A. 操作数乘以 2　　B. 操作数除以 2

C. 操作数乘以 4　　D. 操作数除以 4

(4) 若 x=2，y=3，则 x&y 的结果是______________。

A. 0　　B. 2　　C. 3　　D. 5

(5) 若 a=1，b=2，则 a|b 的值是______________。

A. 0　　B. 1　　C. 2　　D. 3

(6) 表达式~0x13 的值是______________。

A. 0xFFEC　　B. 0xFF71　　C. 0xFF68　　D. 0xFF17

(7) 设有以下语句：

```
char x=3, y=6, z;
z = x ^ y << 2;
```

则 z 的二进制值是________________。

A. 00010100　　B. 00011011　　C. 00011100　　D. 00011000

3. 编程题

(1) 编写一个程序，给出一个数的原码，能得到该数的补码。

(2) 编写一个程序，对一个 16 位的二进制数取出它的奇数位(即从左边起第 1、3、5、…位)。

(3) 编写一个函数 getbits()，从一个 16 位的单元中取出某几位(即该几位保留原值，其余位为 0)。函数调用形式为 getbits(value, n1, n2)。value 为该 16 位(两个字节)中的数据值，n1 为欲取出的起始位，n2 为欲取出的结束位。例如 getbits(0101675, 5, 8)表示取出八进制数 0101675 的从左面起第 5~8 位。

第11章 文　件

文件是为了某种目的系统地把数据组织起来而构成的数据集合体。

随着计算机硬件技术的不断发展，计算机应用范围的不断扩展，计算机应用技术水平的不断提高，人们往往需要加工处理各种各样的数据，连接各种各样的外部设备，这些数据和设备是千差万别的，为了处理的统一和概念的简化，计算机操作系统把这些外部数据、外部设备统一作为文件来管理。

在C语言中，程序对文件按名来存取。C语言提供了有关文件读写的函数，在程序中可以通过这些函数来对文件进行读写操作。本章将介绍有关文件的概念和文件的读写函数及其应用。

本章内容：

- 文件的打开与关闭。
- 文件的读写。
- 随机文件的读写。

学习目标：

- 了解文件的概念。
- 掌握文件的打开函数和关闭函数的使用方法，并能够在程序中正确地使用。
- 掌握文件读写函数的使用方法，并能够在程序中正确地使用。
- 了解文件的定位概念，掌握随机文件读写有关函数的使用方法，并能够在程序中正确地使用。
- 在实际编程中能够灵活地运用文件的有关函数来解决相关问题。

本章任务：

在实际编程中，常常需要反复处理大批量的数据，如果用我们以前学过的输入方法就很不方便，因为不可能每进行一次操作，就在程序运行的过程中通过键盘一一进行输入，最常用的方法就是预先将这些数据写到一个文件里，然后将这个文件存放在磁盘上，需要时再将数据从该文件中读取出来。本章要完成的任务就是对通讯录信息进行处理，要求分别输入一组通讯录信息，包括序号、姓名、电话号码和地址，最后按序号输出每个通讯录的信息。

任务可以分解为三部分：

- 从键盘输入每个通讯录的序号、姓名、电话号码和地址，写入文件中，然后将数据再从文件中一一读出，显示在屏幕上(用字符读写函数进行处理)。
- 从键盘输入每个通讯录的序号、姓名、电话号码和地址，写入文件中，然后将数据再从文件中一一读出，显示在屏幕上(用字符串读写函数进行处理)。

- 从键盘输入每个通讯录的序号、姓名、电话号码和地址，写入文件中，然后将数据再从文件中一一读出，显示在屏幕上(用数据块读写函数进行处理)。

11.1 C 语言文件概述

1. 文件的概念

文件是程序设计中一个重要的概念。所谓“文件”一般指存储在外部介质(如磁盘等)上的一组相关数据的有序集合。操作系统是以文件为单位对数据进行管理的，也就是说，如果想找到存储在外部介质上的数据，必须先按文件名找到所指定的文件，然后再从该文件中读取数据。向外部介质上存储数据也必须先建立一个文件，才能向它输出(写)数据。

C 语言把文件的概念扩大化了，它将一些设备也当作文件来处理，这样就使程序设计更加具有灵活性和通用性。因此，文件可分为普通文件和设备文件两种。

- 普通文件：是指驻留在磁盘或其他外部介质上的一个有序数据集，可以是源文件、目标文件、可执行程序；也可以是一组待输入处理的原始数据，或者是一组输出的结果。
- 设备文件：是指与主机相连的各种外部设备，如显示器、打印机、键盘等。在操作系统中，把外部设备也看作是一个文件来进行管理，把它们的输入、输出等同于对磁盘文件的读和写。通常把显示器定义为标准输出文件，一般情况下在屏幕上显示有关信息就是向标准输出文件输出。如前面经常使用的 printf()、putchar()函数就是这类输出。键盘通常被指定为标准的输入文件，从键盘上输入就意味着从标准输入文件上输入数据。scanf()、getchar()函数就属于这类输入。

我们知道从键盘上输入的数据是存放在内存中的，显示器可以将内存中的数据显示输出。文件保存在外部介质中，“读”文件操作就是将磁盘文件输入到内存中，“写”文件操作就是将内存中的数据输出到外部介质中。

2. C 文件的类型

C 语言将文件看成是存储在外部介质中的字符集。根据数据在外部介质中存储的不同方式，C 语言的文件又分为 ASCII 码文件和二进制文件。

(1) ASCII 码文件又称为文本文件(text)文件，特点是数据在外部介质中存放时一个字节存放一个 ASCII 码字符。

例如，整数 4512 的 ASCII 码字符存储形式为：

00110100	00110101	00110001	00110010

从上面可以看出，以 ASCII 形式存放需要占用 4 个字节。

(2) 二进制文件是把内存中的数据按其在内存中的存储形式——二进制，原样输出到外部介质上存放。

例如，整数 4512 的二进制存储形式为：

00010001	10100000

从上面可以看出，以二进制存放只需要两个字节。

对于人类而言，ASCII 码文件具有可读性，而二进制文件不具备可读性，但是 C 语言在处理这些文件时，并不区分类型，都把它看成是字符流，输入输出字符流的开始和结束仅受程序控制而不受物理符号(如回车换行符)控制。也就是说，在输出时不会自动增加回车换行符以作为结束的标志，输入时不以回车换行符为记录的间隔。我们把这种文件称为流式文件。

3. 缓冲文件系统与非缓冲文件系统

C 语言处理文件的方法是也有两种。一种是采用“缓冲文件系统”的方式，另一种是采用“非缓冲文件系统”的方式。

- 缓冲文件系统：是指系统自动地在内存区为每一个正在使用的文件开辟一个缓冲区。从内存向磁盘输出数据必须先送到内存中的缓冲区，装满缓冲区后才一起送到磁盘。如果从磁盘向内存读入数据，则从磁盘文件中先将一批数据输入到内存缓冲区，然后再从缓冲区逐个地将数据送到程序数据区。ANSI C 只采用缓冲文件系统。
- 非缓冲文件系统：是指系统不自动开辟确定大小的缓冲区，而是由程序为每一个文件设定确定大小的缓冲区，它占用的是操作系统的缓冲区，而不是用户存储区。非缓冲区文件系统依赖于操作系统，通过操作系统的功能对文件进行读/写，是系统级的输入/输出，它不设文件结构体指针，只能读/写二进制文件，效率高、速度快，但 ANSI 标准不再包括非缓冲文件系统。

4. 文件指针

C 语言中用一个指针变量指向一个文件，这个指针称为文件指针。通过文件指针就可对它所指的文件进行各种操作。

定义文件指针的一般形式为：

```
FILE *指针变量标识符;
```

其中 FILE 应为大写，它实际上是由系统定义的一个结构，该结构中含有文件名、文件状态和文件当前位置等信息。在编写源程序时不必关心 FILE 结构的细节。通过文件指针即可找到存放某个文件信息的结构变量，然后按结构变量提供的信息找到该文件，实施对文件的操作。

11.2 文件的打开与关闭

文件在进行读写操作之前要先打开，使用完毕要关闭。所谓打开文件，实际上是建立文件的各种有关信息，并使文件指针指向该文件，以便进行其他操作。关闭文件则是断开指针与文件之间的联系，也就禁止再对该文件进行操作。在 C 语言中，文件的打开与关闭等操作都是通过库函数来实现的。下面重点介绍常用的文件操作函数。

1. 文件打开函数(fopen())

fopen()函数的调用方式如下：

```
FILE *fp;
fp = fopen(文件名, 使用文件的方式);
```

其中，fp 必须是被声明为 FILE 类型的指针变量，“文件名”是被打开文件的文件名(字符串常量或字符串数组)。“使用文件的方式”是指文件的类型和操作要求。

例如：

```
FILE *fp;
fp = fopen("file1", "r");
```

其作用是在当前目录下打开文件 file1，并且以“读”方式打开，同时返回指向该文件的指针并赋给 fp。

又如：

```
FILE *fp1;
Fp1 = fopen("c:\\file2", "rb");
```

其作用是打开 C 驱动器磁盘根目录下的文件 file2，这是一个二进制文件，只允许按二进制方式进行读操作。两个反斜线“\\”中的第一个表示转义字符，第二个表示根目录。使用文件的方式共有 12 种，如图 11.1 所示。

文件使用方式	含义
“r” （只读）	为输入打开一个文本文件
“w” （只写）	为输出打开一个文本文件
“a” （追加）	向文本文件尾增加数据
“rb” （只读）	为输入打开一个二进制文件
“wb” （只写）	为输出打开一个二进制文件
“ab” （追加）	向二进制文件尾增加数据
“r+” （读/写）	为读/写打开一个文本文件
“w+” （读/写）	为读/写建立一个新的文本文件
“a+” （读/写）	为读/写打开一个文本文件
“rb+” （读/写）	为读/写打开一个二进制文件
“wb+” （读/写）	为读/写建立一个新的二进制文件
“ab+” （读/写）	为读/写打开一个二进制文件

图 11.1 文件的使用方式

说明：

- 用 r(只读)方式打开文件只能用于程序从文件输入数据，不能向文件输出数据，而且要求该文件已经存在，否则函数 fopen 将返回空指针 NULL。
- 用 w(只写)方式打开的文件只能用于向文件输出数据，不能从该文件中输入数据，如果打开时原文件不存在，则新建该文件，如果原来已存在一个以该文件名命名的文件，则在打开时将该文件删去，然后重新建立一个以该名字命名的新文件。
- 用 a(追加)方式打开的文件，表示不删除原文件里的数据，而是从文件的末尾开始添加数据，要求被打开的文件已经存在，打开后，文件的位置指针将定位在文件的末尾，如果打开的文件已经存在，则函数 fopen()返回一个空指针 NULL。

- 用 r+、w+、a+(读/写)方式打开的文件，既可以从文件输入数据，也可以向文件输出数据，其中，r+只允许打开已存在的文件，用 w+方式打开，则系统新建一个文件，先向文件输出数据，然后才能从文件中输入数据。用 a+方式是打开已经存在的文件，并且文件的位置指针定位在文件的末尾，先准备向文件添加数据，以后也可以从文件中输入数据。
- 上述打开文件的方式都是针对文本文件，如果要打开二进制文件，必须在使用方式后面添上字符 b，如 rb 表示以只读方式打开一个二进制文件。
- 如果用 r 方式打开一个并不存在的文件，或在磁盘损坏、磁盘空间不足等情况下打开文件，都会使打开文件失败。此时 fopen()函数将返回一个空指针 NULL。所以常用下面的方法打开一个文件：

```
if ((fp=fopen("file1", "r")) == NULL)
{
    printf("打开文件失败！ this file\n");
    exit(0);
}
```

该程序段的功能是，如果在以只读的方式打开文件 file1 时，返回的是空指针 NULL，表示该文件打开失败，则在屏幕上给出提示信息“打开文件失败！this file”。

2. 文件关闭函数(fclose())

一个文件使用完后应该及时关闭，以防止该文件再被误用。关闭文件的操作将完成以下两项任务：

- 关闭文件缓冲区。将还没有装满的缓冲区数据输出到磁盘文件中，以保证数据不会丢失。
- 释放文件指针变量。“关闭”就是使文件指针变量不指向该文件，也就是文件指针变量与文件“脱钩”。

fclose()函数的调用方式如下：

```
FILE *fp;
/* ... */
fclose(fp);
```

其中，fp 是打开此文件时所返回的指针值，fclose()的作用是使文件指针变量撤销原先调用 fopen()函数时所建立的它与文件的联系。

fclose()函数也返回一个整型值，如果正常执行了文件关闭操作，则返回值为 0；否则返回 EOF，EOF 是系统在头文件 stdio.h 中定义的符号常量，其值为-1。

【例 11.1】将字符串“Hello, World!”输出到文本文件中。程序代码如下：

```
#include <stdio.h>
main()
{
    char a[20] = "Hello, World!";
```

```
    FILE *fp;    /* 定义一个文件指针 fp */
    fp = fopen("a.txt", "w");  /* 用“写”方式打开文本文件 a.txt */
    fprintf(fp, "%s", a); /* 将数组 a 中的字符串输出到文件指针 fp 所指的文本文件中 */
    fclose(fp);  /* 关闭文本文件 a.txt */
}
```

程序说明：

以上程序运行后，在屏幕上无任何显示内容，但会在源程序所在的工程文件夹里建立一个名为 a.txt 的文本文件，该文件的内容为“Hello, World!”。

11.3 文件的读/写

文件打开之后，就可以对它进行读/写操作了。通常，C 语言的文件读/写函数是成对出现的，即有读就有写。

11.3.1 字符的输入和输出

1. 字符输出函数(fputc())

fputc()函数功能：把一个字符写到指定的磁盘文件中。其调用方式如下：

```
int fputc(char ch, FILE *fp);
```

参数说明：ch 是要输出的字符，它可以是字符常量，也可以是字符变量。fp 是文件指针变量，指向当前打开的文件。

返回值：如果写入成功，返回写入的字符；如果失败，则返回一个 EOF。这里 EOF 是在 stdio.h 文件中定义的符号常量，其值为-1。

例如，以下代码：

```
FILE *fp;
fp = fopen("file1", "w");
fputc('b', fp);
```

其作用是把字符 b 写入文件指针 fp 所指向的文件 file1 中。

2. 字符输入函数(fgetc())

fgetc()函数功能：从指定的磁盘文件中读取一个字符。其调用方式如下：

```
fgetc(FILE *fp);
```

参数说明：fp 是文件指针变量，所指向的文件必须是以读或读写方式打开的。

返回值：如果正常返回，返回读取的字符代码，否则返回 EOF。如果读到文件结束符(^Z)时，也返回 EOF，可以用它来判断是否读完了文件中的数据。

例如，以下代码：

```
FILE *fp;
char ch;
```

```
fp = fopen("file1", "r");
ch = fgetc(FILE*fp);
```

其作用是从文件指针 fp 所指向的文件中读取一个字符，并赋值给变量 ch。

【例 11.2】从键盘输入一行字符，写入文件 test.txt 中，再把该文件内容读出来，显示在屏幕上。程序代码如下：

```
#include <stdio.h>
#include <stdlib.h>
main()
{
   FILE *fp;
   char ch;
   if((fp=fopen("test.txt", "w")) == NULL)  /* 以写的方式打开文件 */
   {
      printf("打开文件失败! \n");
      exit(0);
   }
   printf("输入一行字符:\n");
   ch = getchar();
   while(ch != '\n')      /* 输入字符，直到按 Enter 键为止 */
   {
      fputc(ch, fp);
      ch = getchar();
   }
   fclose(fp);
   if((fp=fopen("test.txt", "r")) == NULL) /* 用“读”方式打开文件 test.txt */
   {
      printf("打开文件失败! \n");
      exit(0);
   }
   ch = fgetc(fp);   /* 从文件指针 fp 所指的文件中读出一个字符赋给变量 ch */
   while(ch != EOF)
   {
      putchar(ch);
      ch = fgetc(fp);
   }
   printf("\n");
   fclose(fp);
}
```

运行结果：

```
输入一行字符:
20060101 Zhang Hua 80 ↙
20060101 Zhang Hua 80
```

程序说明：

- 程序中从键盘循环读入一个个字符并写入文件中，直到输入回车符为止。
- 程序中首先以写的方式打开文件，每输入一个字符，文件内部位置指针就向后移动一个字节。写入完毕，该指针已经指向文件末尾。如果要把文件从头读出，必须先关闭文件，再将文件以读的方式打开。

在学习了上述相关知识之后，我们通过下例来完成本章开篇提出的任务之一。

【例 11.3】编写程序，将从键盘输入的每条通讯录信息，包括序号、姓名、电话号码和地址写入文件 contact.txt 中，输入以#作为结束标志。然后再调用 fgetc 函数，依次读取文件 contact.txt 中的字符，并将它们显示在屏幕上。程序代码如下：

```
#include <stdio.h>
#include <stdlib.h>
main()
{
    FILE *fp;
    char ch;
    /* 用“写”方式打开文本文件 contact.txt */
    if((fp=fopen("contact.txt", "w")) == NULL)
    {
        printf("打开文件失败！\n");
        exit(0);
    }
    printf("输入通讯录信息，以‘#’键结束：\n");
    ch = getchar();    /* 从键盘输入第一个字符 */
    while(ch != '#')   /* 判断是否是结束标志 */
    {
        fputc(ch, fp);   /* 把变量 ch 写入文件 */
        ch = getchar();  /* 继续输入下一个字符 */
    }
    fclose(fp);
    /* 用“读”方式打开文本文件 student.txt */
    if((fp=fopen("contact.txt", "r")) == NULL)
    {
        printf("打开文件失败！\n");
        exit(0);
    }
    ch = fgetc(fp);       /* 从 fp 所指文件读一个字符赋给字符变量 ch */
    while(ch != EOF)   /* 判断是否是文件结束标志 */
    {
        putchar(ch);    /* 将从文件读出的字符显示在屏幕上 */
        ch = fgetc(fp);   /* 继续从 fp 所指文件读一个字符赋给字符变量 ch */
    }
    fclose(fp);      /* 关闭文件 */
}
```

运行结果：

```
输入通讯录信息，以‘#’键结束：
1 Zhang Hua 13628655555 Chengdu↙
2 Li Bin 13658000000 Beijing↙
3 Wang Yan 15881166666 Chengdu↙
#↙
1 Zhang Hua 13628655555 Chengdu
2 Li Bin 13658000000 Beijing
3 Wang Yan 15881166666 Chengdu
```

程序说明：

- 第一个 while 循环语句每执行一次，fputc()函数就将一个从键盘得到的字符写入文件 student.txt 中，并且，文件内部位置指针向后移动一个字节。直至 ch 的值为 #，循环结束，此时写入完毕，同时文件内部位置指针 fp 已经指向文件末尾。如果文件从头读出，必须首先关闭文件，再以读的方式打开该文件，此时文件指针才会指向文件头，当然，也可以不关闭文件，直接读取，这就要用到以后将要介绍的 rewind()函数。
- 第二个 while 循环每执行一次，fgetc 函数就从 fp 所指的文件中读出一个字符给字符变量 ch，并且用 putchar 函数将它显示在屏幕上。

11.3.2 格式化输入和输出

以前我们学习的格式化输入输出是针对终端的，即 scanf()函数只针对键盘，而 printf()函数只针对显示器，如果输入输出对象是磁盘文件，可以采用 fscanf()函数和 fprintf()函数。

1. 格式化输入函数(fscanf())

fscanf()函数的调用方式如下：

```
fscanf(FILE *fp, "输入格式字符串", 输入项地址表);
```

函数功能：按照“输入格式字符串”所指定的输入格式，从 fp 指定文件的当前读位置开始读入数据，然后把它们按输入项地址表的顺序存入指定的存储单元中。

参数说明：fp 为指定的输入文件；“输入格式字符串”与 scanf 函数中的输入格式字符串相同；“输入项地址表”为从指定文件中读入数据的存放地址，如果有多个输入项，输入项之间用逗号隔开。

返回值：如果操作成功，返回值为一非零值，即输入的数据的个数；如果非正常，返回零值；如果读到文件尾，返回 EOF。

输入数据后，fp 指针读写位置将移动到输入数据之后。

例如：

```
fscanf(fp, "%d%d", &i, &j);
```

其作用是从 fp 所指的文件中读入两个整数放入变量 i 和 j 中。注意文件中的两个整数之间用空格(或 Tab、回车符)隔开。

2. 格式化输出函数(fprintf())

fprintf()函数的调用方式如下：

```
fprintf(FILE *fp, "输出格式字符串", 输出项列表);
```

函数功能：把输出项表列中的数据按照指定的格式输出到 fp 所指定的文件中去。

参数说明：fp 是文件指针，它指向输出文件；“输出格式字符串”为给定的输出格式，与 printf()函数的输出格式字符串相同；“输出项列表”为输出对象，如果有多个输出项，输出项之间用逗号隔开。

返回值：如果正常调用，返回值为一非零值，否则为 EOF 值。

向文件输出数据后，文件的读写位置将移动到所写入的数据之后。

注意：无论是 fscanf 函数还是 fprintf 函数，其格式与功能都与对应的 scanf 函数和 printf 函数基本相同，不同之处在于输入或输出的方向不同。scanf 函数是由标准输入设备文件输入(键盘)，printf 函数是向标准输出设备文件输出(显示器)，如果我们将 fp 换成对应的 stdin(标准输入设备文件)和 stdout(标准输出设备文件)，fscanf 函数和 fprintf 函数与 scanf 函数和 printf 函数的功能完全相同。

【例 11.4】设学生信息包括学号、姓名、3 门课程成绩，创建一个名为 student.txt 的文本文件，从键盘输入学生信息的有关数据，当姓名为“#”时结束输入。利用格式化输入和输出函数进行文件的读写，程序代码如下：

```
#include <stdio.h>
#include <stdlib.h>
#include <string.h>
struct student
{
   char num[10];
   char name[10];
   int mark[3];
};
main()
{
   FILE *fp;
   int i;
   struct student stu;
   if((fp=fopen("student.txt", "w")) == NULL)
   {
      printf("打开文件失败！\n");
      exit(0);
   }
   printf("请输入学号和姓名:\n");
   scanf("%s%s", stu.num, stu.name);
   while (strcmp(stu.name, "#") != 0)    /* 判断输入的姓名是否是“#” */
   {
      printf("请输入 3 门课成绩:\n");
      for(i=0; i<3; i++)
         scanf("%d", &stu.mark[i]);
      fprintf(fp, "%5s", stu.num);
      fprintf(fp, "%10s", stu.name);
      for(i=0; i<3; i++)
         fprintf(fp, "%4d", stu.mark[i]);
      printf("请输入学号和姓名:\n");
      scanf("%s%s", stu.num, stu.name);
   }
   fclose(fp);
   if((fp=fopen("student.txt", "r")) == NULL) /* 判断是否能正确打开文件 */
   {
      /* 如果失败，在屏幕上显示不能打开文件的信息 */
```

```
        printf("打开文件失败! \n");
        exit(0);
    }
    while(fscanf(fp, "%s%s%d%d%d", stu.num, stu.name, &stu.mark[0],
            &stu.mark[1], &stu.mark[2]) != EOF)
        printf("%10s%10s%4d%4d%4d\n", stu.num, stu.name, stu.mark[0],
                stu.mark[1], stu.mark[2]);
    fclose(fp);    /* 关闭文件 */
}
```

运行结果：

```
请输入学号和姓名:
20060101 ZhangHua ↙
请输入 3 门课成绩:
60 70 80↙
请输入学号和姓名:
20060102 LiBin ↙
请输入 3 门课成绩:
80 85 90↙
请输入学号和姓名:
20060103 WangYan ↙
请输入 3 门课成绩:
75 70 68↙
1 #↙
  20060101  ZhangHua  60  70  80
  20060102     LiBin  80  85  90
  20060103   WangYan  75  70  68
```

程序说明：

- 该程序运行后，在当前磁盘目录下建立一个名为 student2.txt 的文本文件。
- 当“写”文件操作结束后，系统自动在文件末尾加入文件结束标志，因此，在对文件进行读取操作时，就可以用这个标志来判断文件是否读取完毕。
- fprintf(fp, “%10s”, stu.name)的作用是根据指定格式将 stu.name 的值写到 fp 所指文件中，其中“%10s”的意思是写到文件中的字符串所占宽度为 10 位。

11.3.3 字符串的输入和输出

1. 字符串输入函数(fgets())

fgets()函数的调用方式如下：

```
fgets(char *str, int n, FILE *fp);
```

函数功能：从指定文件中读入一个字符串到字符数组 str 中。

参数说明：str 为读取到的字符串的地址，可以是指针，也可以是数组，n 为限定每次读取的字符个数，fp 为指定读取的文件指针。

返回值：从 fp 所指向的文件当前读写位置开始，最多读入 n−1 个字符(包括换行符)，同时将字符串结束标志‘\0’也复制到字符数组 str 中，正常返回值为 str 的首地址，当读到文件末尾或出错时，返回 NULL。

说明：

- 在读出 n-1 个字符之前，如果遇到了换行符或文件结束标志 EOF，则读取字符串的操作将结束。
- 从文件中读入一个字符串后，读写位置将后移到该字符串的下一个字符处。

例如：

```
fgets(str, n, fp);
```

其作用是从 fp 所指的文件中读取 n-1 个字符送入字符数组 str 中。

2. 字符串输出函数(fputs())

fputs()函数的调用方式如下：

```
fputs(char *str, FILE *fp);
```

函数功能：向指定文件输出一个字符串。

参数说明：str 为指定输出的字符串，它可以是指针、数组名或字符串，fp 为指定的输出文件。

返回值：正常返回值为所输出的字符串中最后一个字符的 ASCII 码值，如果向文件写入字符串不成功，则返回值为 EOF。

例如：

```
fputs("student", fp);
```

其作用是把字符串“student”写入 fp 所指的文件中。

【例 11.5】在例 11.2 建立的文件 test.txt 中追加一个字符串。程序代码如下：

```
#include <stdio.h>
#include <stdlib.h>
main()
{
   FILE *fp;
   char str[20];
   /* 以追加的方式打开文本文件 test.txt */
   if((fp=fopen("test.txt", "a")) == NULL)
   {
      printf("打开文件失败! \n");
      exit(0);
   }
   printf("输入一个字符串:\n");
   gets(str);
   fputs(str, fp); /* 将 str 中的字符串写入 fp 所指的文件中 */
   fclose(fp);
}
```

程序说明：

fopen(“test.txt”, “a”)中 a 的含义是追加，如果文件 test.txt 已经存在，就将新输入的字符串接在此文件的末尾，如果文件不存在，则建立新文件。

在学习了上述相关知识之后，我们通过下例来完成本章开篇提出的任务之二。

【例 11.6】从键盘输入通讯录每个联系人的序号、姓名、电话号码和地址等数据，当输入空字符串时退出输入，调用 fputs()函数将通讯录信息写入一个名为 contact.txt 的文本文件，然后再调用 fgets()函数，读取文件 contact.txt 中的通讯录信息并显示在屏幕上。

程序代码如下：

```
#include <stdio.h>
#include <stdlib.h>
#include <string.h>
main()
{
   FILE *fp;
   int i, n=0;
   char cont[70];
   if((fp=fopen("contact.txt", "w")) == NULL)
   {
      printf("打开文件失败! \n");
      exit(0);
   }
   printf("请输入序号、姓名、电话号码和地址:\n");
   gets(cont);
   while(strcmp(cont, "") != 0)       /* 判断输入的是否是空字符串 */
   {
      fputs(cont, fp);     /* 将字符串 cont 写入 fp 所指的文件中 */
      fputc('\n', fp);
      printf("请输入序号、姓名、电话号码和地址:\n");
      gets(cont);
   }
   fclose(fp);
   fp = fopen("contact.txt", "r");    /* 以“读”的方式打开文件 */
   if(fp == NULL)    /* 如果打开失败，执行以下操作 */
   {
      printf("打开文件失败! \n");
      exit(0);
   }
   while(feof(fp) == 0)       /* 判别文件是否结束 */
   {
      fgets(cont, 70, fp); /* 从 fp 所指的文件中读取一个字符串到 cont 数组中 */
      n++;  /* 统计文件中的记录个数 */
   }
   fclose(fp);
   fp = fopen("contact.txt", "r");
   if(fp == NULL)
   {
      printf("打开文件失败! \n");
      exit(0);
   }
```

```
    for(i=1; i<n; i++)
    {
        fgets(cont, 70, fp);
        printf("%s", cont);  /* 将字符串 s 显示在屏幕上 */
    }
    fclose(fp);
}
```

运行结果：

```
请输入序号、姓名、电话号码和地址:
1 ZhangHua 13525478521 ChengDu↙
请输入序号、姓名、电话号码和地址:
2 LiYan 15854525880 ChongQin↙
请输入序号、姓名、电话号码和地址:
3 WangPing 158423654 BeiJing↙
请输入序号、姓名、电话号码和地址:
  ↙
1 ZhangHua 13525478521 ChengDu
2 LiYan    15854525880 ChongQin
3 WangPing 158423654   BeiJing
```

程序说明：

- 程序执行 fputs(cont, fp)时，会将数组 cont 中的字符串写到 fp 所指的文件中。注意，不包括串尾的'\0'。
- fputc('\n', fp);的作用是在每次写入的字符串末尾都加上回车，以使写入文件的字符串各占一行。
- 函数 feof()用来判断文件是否结束，当数据读取到文件末尾时，feof(fp)的值为 1，否则 feof(fp)的值为 0。
- 程序中 while 循环语句的功能是统计文件中记录的个数，n 的值比实际记录多 1，因为在文件中每写入一个记录，都执行 fputc('\n', fp)语句，人为地增加一个'\n'用于换行，所以最后一个记录的'\n'使文件增加了一个空行。

11.4　文件的随机读写

11.4.1　文件的定位

前面介绍的文件读写方式都是顺序读写，从文件的开头顺序读写每一个数据。实际上在一个文件的文件结构体中，都有一个指向当前读写位置的指针，在以读(或写)方式打开文件时，该指针指向文件的开头，如果以追加的方式打开文件，则该文件指针指向文件的末尾。在顺序读写一个文件时，每次读写都要修改文件指针的指向，使它指向下一次要读写的位置。

我们也可以人为地控制当前文件指针的移动，可以让文件指针随意指向我们想要指向的位置，而不是像以往那样按物理顺序逐个移动，这就是所谓对文件的定位与随机读写。

1. 位置复位函数(rewind())

rewind()函数的调用方式如下：

```
rewind(fp);
```

函数功能：使位置指针重新返回文件的开头。其中 fp 是文件指针。此函数没有返回值。

2. fseek()函数和随机读写

fseek()函数的调用方式如下：

```
fseek(文件指针, 位移量, 起始点)
```

函数功能：将文件内部位置指针移动到指定位置。

参数说明：位移量表示以起始点为基点向前移动的字节数，要求位移量是 long 类型数据，以便在文件长度大于 64KB 时不会出错。如果位移量为正数，是从文件开头向文件末尾移动；如果位移量为负数，表示是从文件末尾向文件开头移动。

起始点表示从何处开始计算位移量，规定的起始点有 3 种：文件开头、当前位置和文件尾，其表示方法如表 11.1 所示。

表 11.1 文件起始点

起 始 点	名 字	数字表示
文件开头	SEEK_SET	0
文件当前位置	SEEK_CUR	1
文件末尾	SEEK_END	2

3. ftell()函数

ftell()函数的调用方式如下：

```
ftell(fp);
```

函数功能：返回文件中位置指针的当前位置，即文件的位置指针相对于文件头的位移量，单位是字节。如果此字节数需要存储在一个变量中，则该变量类型应该定义为长整型。其中 fp 是一个文件指针。

如果 ftell()函数的返回值为-1L，表示出错。

例如：

```
long i = ftell(fp);
if(i == -1L)
   printf("error.\n");
```

11.4.2 fread()函数与 fwrite()函数

fread()函数的调用方式如下：

```
fread(buffer, size, count, fp);
fwrite(buffer, size, count, fp);
```

函数功能：fread()函数用来从文件中读出一个数据块，fwrite()函数用来向文件中写入一个数据块。

参数说明：

- buffer：是一个指针，对 fread 来说，它是读入数据的存放地址。对 fwrite 来说，是要输出数据的地址。
- size：要读写的字节数。
- count：要读写多少个 size 字节的数据项。
- fp：文件指针。

【例 11.7】将 3 名职工的数据(包括职工号、姓名、工资)从键盘输入，然后把它们存储到磁盘文件 worker.dat 中，再从磁盘读入这些数据，并依次显示在屏幕上。

程序代码如下：

```
#include <stdio.h>
#include <stdlib.h>
#define N 3
struct worker  /* 声明一个 worker 结构体类型 */
{
    char num[5];
    char name[10];
    int salary;
} wkr[N];
main()
{
    FILE *fp;
    int i;
    fp = fopen("worker.dat", "wb+");
    if(fp == NULL)
    {
        printf("打开文件失败! \n");
        exit(0);
    }
    printf("请输入职工号、姓名和工资:\n");
    for(i=0; i<N; i++)
    {
        scanf("%s%s%d", wkr[i].num, wkr[i].name, &wkr[i].salary);
        /* 将一个数据块写入文件中 */
        fwrite(&wkr[i], sizeof(struct worker), 1, fp);
    }
    rewind(fp);   /* 使文件位置指针重新返回文件的开头 */
    printf("职工号    姓名       工资\n");
    for(i=0; i<N; i++)
    {
        /* 从文件中读一个数据块 */
```

```
        fread(&wkr[i], sizeof(struct worker), 1, fp);
        printf("%-8s%-10s%8d\n",
                wkr[i].num, wkr[i].name, wkr[i].salary);
    }
    fclose(fp);
}
```

运行结果：

```
请输入职工号、姓名和工资:
0001 ZhangHua 2000 ↙
0002 LiBin 2200↙
0003 WangYan 2300↙
职工号     姓名        工资
0001     ZhangHua  2000
0002     LiBin      2200
0003     WangYan    2300
```

在学习了上述相关知识之后，我们通过下例来完成本章开篇提出的任务之三。

【例 11.8】输入通讯录的有关数据(包括序号、姓名、电话号码和地址信息)，并将输入数据保存到文件 contact.dat 中。使用 fwrite()函数和 fread()函数实现文件的读写。程序代码如下：

```
#include <stdio.h>
#include <stdlib.h>
#define N 3
struct contactinfor  /* 结构体类型的声明 */
{
    int num;
    char name[10];
    char telephone[12];
    char address[10];
} cont[N];  /* 定义一个结构体类型数组 */
main()
{
    FILE *fp;
    int i, k;
    if((fp=fopen("contact.dat", "wb")) == NULL) /* 以写方式打开二进制文件 */
    {
        printf("打开文件失败！\n");
        exit(0);
    }
    for(i=0; i<N; i++)
    {
        printf("请输入序号、姓名、电话号码和地址:\n");
        scanf("%d%s%s%s",
```

```
        &cont[i].num, cont[i].name, cont[i].telephone, cont[i].address);
        fwrite(&cont[i], sizeof(struct contactinfor), 1, fp);
    }
    fclose(fp);
    fp = fopen("contact.dat", "rb");  /* 以读方式打开二进制文件 */
    if(fp == NULL)
    {
        printf("打开文件失败! \n");
        exit(0);
    }
    printf("--------------------------------------------\n");
    for(i=0; i<N; i++)
    {
        /* 从文件中读一个数据块 */
        fread(&cont[i], sizeof(struct contactinfor), 1, fp);
        printf("%4d%10s%15s%30s\n",
               cont[i].num, cont[i].name, cont[i].telephone,
               cont[i].address);
    }
    fclose(fp);
}
```

运行结果：

```
请输入序号、姓名、电话号码和地址:
1 ZhangHua 13525478521 ChengDu↙
请输入序号、姓名、电话号码和地址:
2 LiYan 15854525880 ChongQin↙
请输入序号、姓名、电话号码和地址:
3 WangPing 15842365452 BeiJing↙
--------------------------------------------
1 ZhangHua 13525478521 ChengDu
2 LiYan    15854525880 ChongQin
3 WangPing 15842365452 BeiJing
```

11.5 上机实训：文件的读写

11.5.1 实训目的

(1) 掌握文件的基本概念。

(2) 认识文件类型指针，了解文件的读写方式。

(3) 熟练掌握文件打开、关闭、读、写等函数的使用方法。

(4) 在调试程序的过程中，逐步熟悉一些与文件有关的出错信息，提高程序调试技能。

11.5.2 实训内容

1. 运行与分析

运行下列程序，分析并观察运行结果：

```
#include <stdio.h>
#include <stdlib.h>
main()
{
    FILE *FP;
    char str[100];
    int i = 0;
    if((fp=fopen("text.txt", "w")) == NULL)
    {
        printf("打开文件失败! \n");
        exit(0);
    }
    printf("输入一个字符串:\n");
    gets(str);
    while (str[i] != '#')
    {
        if(str[i]>='a' && str[i]<='z')
            str[i] = str[i] - 32;
        fputc(str[i], fp);
        i++;
    }
    fclose(fp);
    fp = fopen("text.txt", "r");
    fgets(str, 100, fp);
    printf("%s\n", str);
    fclose(fp);
}
```

说明：
运行这个程序时输入下面的数据，注意观察输出结果。
输入数据：

```
student ↙
```

2. 完善程序

根据程序的功能，在程序中的横线处填写正确的语句或表达式，使程序完整。

(1) 用程序求100以内的素数，将它们输出到文件ss.txt中，要求每行5个数。

```
#include <stdio.h>
#include <math.h>
#include <stdlib.h>
int prime(int x)
{
```

```
    int y=1, k, m;
    m = sqrt(x) + 1;
    for(k=2; k<=m; k++)
        if(x%k == 0)
        {
            y = 0;
            break;
        }
    return y;
}
main()
{
    int i, n=0;
    FILE *fp;
    if((fp=____________________ )) == NULL)
    {
        printf("打开文件失败! \n");
        exit(0);
    }
    for(i=2; i<100; i++)
    {
        if(prime(i))
        {
            __________________________;
            n++;
        }
        if(n%5 == 0)
            fprintf(__________, "\n");
    }
    ___________________;
}
```

上机调试程序，程序运行后查看是否在磁盘中生成了文件 ss.txt，并用记事本查看文件 ss.txt 的内容。

(2) 用程序读出上题中 ss.txt 文件中的数据，将它们输出到屏幕上，并且求它们的和。

```
#include <stdio.h>
#include <stdlib.h>
main()
{
    int i, num;
    ________________;
    if((fp=______ )) == NULL)
    {
        printf("打开文件失败! \n");
        exit(0);
    }
    while(!feof(fp))  /* 判断是否是文件结束标志 */
    {
        ________________;
        printf(_________);  /* 将读出的素数显示在屏幕上 */
```

```
    __________________;  /* 对读出的素数求和 */
  }
  fclose(fp);
}
```

(3) 有 3 个学生，每个学生有 3 门课的成绩，从键盘输入学生学号、姓名以及 3 门课的成绩，计算出平均成绩，将学生的数据和平均成绩存放在文件 student 中，然后将信息从文件中读出并显示在屏幕上。

```
#include <stdio.h>
#include <stdlib.h>
struct student
{
   char num[10];
   char name[10];
   int score[3];
   float average;
} stu[3];
main()
{
   int i, j, sum=0;
   FILE *fp;
   for(i=0; i<3; i++);
   {
      printf("请输入学生学号：\n");
      scanf("%s", stu[i].num);
      printf("请输入学生姓名：\n");
      scanf("%s", stu[i].name);
      printf("请输入学生 3 门课的成绩：\n");
      for(j=0; j<3; j++)
      {
         __________________;  /* 从键盘输入学生各门课的成绩 */
         sum += stu[i].score[j];
      }
      stu[i].average = sum / 3.0;
   }
   __________________;  /* 以写的方式打开二进制文件 student，并返回文件指针 */
   if(fp == NULL)
   {
      printf("打开文件失败！\n");
      exit(0);
   }
   for(i=0; i<3; i++)
      __________________;  /* 将一个数据块写入文件 */
   fclose(fp);
   fp = fopen("student", "rb");
   printf(" 学生学号 姓名 成绩 1 成绩 2 成绩 3 平均成绩\n");
   for(i=0; i<3; i++)
   {
      __________________;    /* 从文件中读取一个数据块 */
      printf("%10s%10s%4d%4d%4d%10.2f\n",
```

```
                stu[i].num, stu[i].name, stu[i].score[0],
                stu[i].score[1], stu[i].score[2], stu[i].average);
    }
}
```

11.6 综合项目实训

11.6.1 实训内容

在本次综合项目实训中，我们将编写程序实现学生信息系统的管理，它具有以下几项功能：

- 创建学生信息表，信息表中的每条记录包括学号、姓名、性别、成绩等内容。
- 显示学生信息。
- 按学号或姓名对学生信息进行查询。
- 修改学生信息。
- 插入新的学生信息。
- 删除学生信息。

11.6.2 程序分析

通常，可以在主函数中实现菜单功能。学生信息表的创建、查询、修改、添加、删除、显示这 6 个功能分别在 6 个函数模块中实现，整个系统的模块结构如图 11.2 所示。

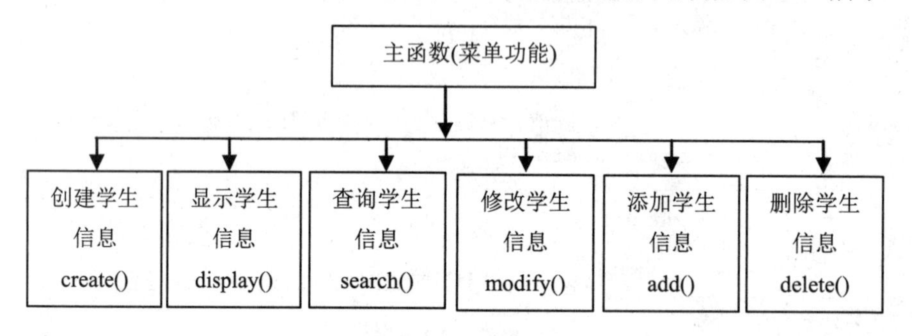

图 11.2　程序的模块结构

11.6.3 部分源程序清单

程序中共有 7 个函数，下面只给出 main()、create()、modify()函数的清单，剩下的 display()、search()、add()和 del()这 4 个函数为空函数，要求读者自行完成其具体内容。

```
#include <stdio.h>
#include <stdlib.h>
#include <string.h>
#define N 10
struct student
```

```
{
    char num[10];
    char name[10];
    char sex[5];
    float score;
};
void create(struct student *p, int n);       /* 创建学生信息表 */
void display(struct student *p, int n);      /* 显示学生信息 */
void search(struct student *p);              /* 查询学生信息 */
void add(struct student *p, int n);          /* 插入学生信息 */
void modify(struct student *p, int n);       /* 修改学生信息 */
void del(struct student *p, int n);          /* 删除学生信息 */
main()
{
    int choice;
    while(1)
    {
        struct student rec[N];
        system("cls");
        printf("*******学生信息管理系统*******\n");
        printf("      1.创建学生信息表\n");
        printf("      2.显示学生信息\n");
        printf("      3.查询学生信息\n");
        printf("      4.修改学生信息\n");
        printf("      5.插入学生信息\n");
        printf("      6.删除学生信息\n");
        printf("      7.退出\n");
        printf("******************************\n");
        printf("请选择(1~7): ");
        scanf("%d", &choice);
        switch(choice)
        {
        case 1: create(rec, N); break;
        case 2: display(rec, N); break;
        case 3: search(rec); break;
        case 4: modify(rec, N); break;
        case 5: add(rec, N); break;
        case 6: del(rec, N); break;
        case 7: exit(0);
        }
    }
}
void create(struct student *p, int n)    /* 创建学生信息 */
{
    int i = 1;
    system("cls");
    while(i <= n)
    {
        printf("\n请输入第%d个学生信息: \n", i);
        printf("学号: ");
        gets(p->num);
```

```
        printf("姓名：");
        gets(p->name);
        printf("性别：");
        gets(p->sex);
        printf("入学成绩：");
        scanf("%f", &p->score);
        p++;
        i++;
    }
}
void modify(struct student *p, int n)
{
    int i = 0;
    char name1[10] = "";
    display(p, n);
    printf("\n 请输入要修改学生的姓名：");
    gets(name1);
    for(i=0; i<n; i++,p++)
        if(strcmp(name1, p->name) == 0)
            break;  /* 找到了要修改的记录，结束循环 */
    if(i == n)
        printf("没有此人！\n");
    else
    {
        printf("请输入正确的学号：");
        gets(p->num);
        printf("请输入正确的性别：");
        gets(p->sex);
        printf("请输入正确的入学成绩：");
        scanf("%f", &p->score);
    }
}
/*  自己独立完成以下 4 个函数  */
void display(struct student *p, int n)      /* 显示学生信息 */
{}
void search(struct student *p)              /* 查询学生信息 */
{}
void add(struct student *p, int n)          /* 插入学生信息 */
{}
void del(struct student *p, int n)          /* 删除学生信息 */
{}
```

11.6.4 实训报告

上机实训之后，完成以下实训报告的填写。

班级		姓名		学号	
课程名称		实训指导教师			
实训名称	通讯录管理的实现				

续表

实训目的	(1) 在设计较复杂的程序时，能熟练运用函数实现程序的模块化 (2) 掌握结构体类型变量和指针变量的使用方法 (3) 掌握简易菜单的实现方法及利用若干函数分别实现菜单中各选项功能的方法
实训要求	(1) 在上机之前预习实训内容，并完成整个程序的编写 (2) 上机运行并调试程序，得出最终正确结果 (3) 完成实训报告
程序功能	
源程序清单	
运行结果	
程序调试情况说明	
实训体会	
实训建议	

11.7 习 题

1. 填空题

(1) 在C语言中，文件可以用______________方式存取，也可以用______________方式存取。

(2) 打开文件的含义是____________，关闭文件的含义是____________。

(3) fopen函数有两个形式参数，一个表示____________，另一个表示____________。

(4) EOF可以用来判断文本文件是否结束，如果遇到文件结束，EOF值为__________，否则为____________。

(5) feof(fp)函数用来判断文件是否结束，如果遇到文件结束，函数值为____________，否则为__________。

(6) 下面的程序将从键盘输入的字符串存放到文件中，字符串用“#”结束输入。请在横线处填入适当的内容：

```
#include <stdio.h>
#include <stdlib.h>
main()
{
    FILE *fp;
    char ch, name[10];
    printf("Input name of file\n");
    gets(name);
    if((fp=__________ )) == NULL)
    {
        printf("打开文件失败! \n");
        exit(0);
    }
    printf("Enter data:\n");
    while(___________ != '#')
    fputc(______________);
    ______________;
}
```

(7) 下面的程序从键盘上输入一个字符串，把该字符串中的小写字母转换为大写字母，输出到文件 test.txt 中，然后从该文件中读出字符串并显示在终端屏幕上。请在横线处填入适当的内容：

```
#include <stdio.h>
#include <stdlib.h>
main()
{
    FILE *fp;
    char str[100];
    int i = 0;
    if((fp=fopen("test.txt", ___________)) == NULL)
    {
        printf("打开文件失败! \n");
        exit(0);
    }
    printf("input a string:\n");
    gets(str);
    while(Str[i])
    {
        if(str[i]>='a' && str[i]<='z')
            str[i] = ______________;
        fputc(str[i], fp);
        i++;
    }
    fclose(fp);
    f = fopen("test.txt", ____________);
```

```
    fgets(str, 100, fp);
    printf("%s\n", str);
    fclose(fp);
}
```

2. 选择题

(1) 若想对文本文件只进行读操作，打开此文件的方式是__________。

A. "r"　　B. "w"　　C. "a"　　D. "r+"

(2) fgetc 函数的作用是从指定的文件读入一个字符，该文件的打开方式必须是__________。

A. 只写　　B. 追加　　C. 读或读写　　D. B和C都正确

(3) 如果要打开 C 盘 file 文件夹下的 ab.txt 文件，fopen 函数中第一个参数应该是__________。

A. c:filer\ab.txt　　B. c:\file\text\ab.txt

C. "c:\file\ab.txt"　　D. "c:\\file\\ab.txt"

(4) 若执行 fopen 函数时发生错误，则函数的返回值是__________。

A. 地址值　　B. 0　　C. 1　　D. EOF

(5) fscanf 函数的正确调用形式是__________。

A. fscanf(格式字符串，输出表列, fp);

B. fscanf(fp, 格式字符串，输出表列);

C. fscanf(格式字符串，文件指针，输出表列);

D. fscanf(文件指针，格式字符串，输出表列);

3. 编程题

(1) 有 3 个学生，每个学生有 3 门课的成绩，从键盘上分别输入每个学生的学号、姓名和 3 门课的成绩，保存到一个名为 student.txt 的文本文件中去。

(2) 有 3 个学生，每个学生有 3 门课的成绩，从键盘上分别输入每个学生的学号、姓名和 3 门课的成绩，保存到一个名为 student.dat 的二进制文件中去，并且要求把学生的总人数在屏幕上显示出来。

(3) 将 5 名职工的数据从键盘输入，然后存入磁盘文件 worker.dat 中，设职工数据包括职工号、姓名和工资，再从磁盘文件中读取这些数据，并依次将它们显示在屏幕上(要求用 fread 和 fwrite 函数)。

参考文献

[1] 谭浩强. C 语言程序设计[M]. 2 版. 北京：清华大学出版社，2008.
[2] 鲍有文，周海燕等. C 程序设计试题汇编[M]. 北京：清华大学出版社，2006.
[3] 林小茶. C 语言程序设计[M]. 北京：中国铁道出版社，2004.
[4] 杨枨，孔繁华，朱晓芸. C 语言程序设计[M]. 北京：高等教育出版社，2003.
[5] 李辉. C 语言程序设计教程[M]. 西安：西北工业大学出版社，2006.
[6] 许晓. C 语言程序设计实践教程[M]. 北京：电子工业出版社，2006.
[7] 许勇. C 语言程序设计教程[M]. 北京：清华大学出版社，2006.
[8] 姚合生. C 语言程序设计[M]. 北京：清华大学出版社，2008.
[9] 覃俊. C 语言程序设计教程[M]. 北京：清华大学出版社，2008.
[10] 张建勋，纪纲. C 语言程序设计教程[M]. 北京：清华大学出版社，2008.
[11] 恰汗・合孜尔. C 语言程序设计[M]. 北京：中国铁道出版社，2011.
[12] 克尼汉，里奇. C 语言程序设计[M]. 徐宝文，李志译. 北京：机械工业出版社，2004.
[13] 许薇，武青海. C 语言程序设计[M]. 北京：人民邮电出版社，2010.
[14] 向华. C 语言程序设计上机指导与练习[M]. 北京：电子工业出版社，2000.